ARCHITECTURAL RECORD 建筑实录

主编/EDITOR IN CHIEF	Cathleen McGuigan, *cathleen_mcguigan@mcgraw-hill.com* 宋纯智, *scz@mail.lnpgc.com.cn*
编辑/EDITORS	Clifford A. Pearson, *pearsonc@mcgraw-hill.com* 陈慈良, *ccl@mail.lnpgc.com.cn* 王晨晖, *maggiegoodluck@mail.lnpgc.com.cn*
艺术总监/SENIOR GROUP ART DIRECTOR	Francesca Messina, *francesca_messina@mcgraw-hill.com*
撰稿人/CONTRIBUTORS	Clare Jacobson, Fred A. Bernstein, Tim McKeough
美术编辑/DESIGN AND PRODUCTION	Helene Silverman, *helene_silverman@mcgraw-hill.com* Gordon Whiteside, *gordon_whiteside@mcgraw-hill.com* 杨春玲, *chunlingyang5000@gmail.com* Juan Ramos, *juan_ramos@mcgraw-hill.com*
特约编辑/CONTRIBUTING EDITOR	肖 铭
编辑顾问团/ADVISORY COMMITTEE	张永和 崔 恺 马清运 支文军 周 榕 朱 锫 刘家琨 俞孔坚 戴 春 史 建 石铁矛 付 瑶
中文版出版人/PUBLISHER, CHINA EDITION	Laura Viscusi, *laura_viscusi@mcgraw-hill.com* 陈慈良, *ccl@mail.lnpgc.com.cn*
市场拓展/BUSINESS DEVELOPMENT	李春燕, *lchy@mail.lnpgc.com.cn*
印刷与制作/MANUFACTURING & PRODUCTION	Mitchell Sherretz, *mitchell_sherretz@mcgraw-hill.com*
发行/DISTRIBUTION	袁洪章, *yuanhongzhang@mail.lnpgc.com.cn* (86 24) 2328–0366 fax: (86 24) 2328–0366
读者服务/READER SERVICE	何桂芬, *fxyg@mail.lnpgc.com.cn* (86 24) 2328–4502 fax: (86 24) 2328–4364 msn: *heguifen@hotmail.com*

图书在版编目（CIP）数据

建筑实录. 2012 "好设计创造好效益" 中国奖 /《建筑实录》中文版编辑部编.
— 沈阳：辽宁科学技术出版社，2012. 6
ISBN 978-7-5381-7532-5

I.①建... II.①建... III.①建筑实录—世界②建筑设计—作品集—中国—现代
IV.①TU-881.1②TU244
中国版本图书馆CIP数据核字（2012）第125571号

建筑实录VOL. 2/2012

辽宁科学技术出版社出版/发行（沈阳市和平区十一纬路29号）
各地新华书店、建筑书店经销
上海当纳利印刷有限公司印刷
开本：880×1230毫米 1/16 印张：6 字数：100千字
2012年6月第1版 2012年6月第1次印刷
定价：36.00元
ISBN 978-7-5381-7532-5
版权所有 翻印必究

辽宁科学技术出版社 www.lnkj.com.cn
麦格希建筑信息 www.construction.com

辽宁科学技术出版社有限责任公司
LIAONING SCIENCE AND TECHNOLOGY PUBLISHING HOUSE

建筑类设计类
最新上市图书

辽宁科学技术出版社有限责任公司国际图书出版中心成立数年来，在建筑、室内设计、平面设计及景观设计的图书制作出版领域中处于领军位置。我社图书着眼于国际，挖掘全球设计及图书市场，为国内外设计类从业人员及爱好者提供了绝佳的图书资料。

International Book Publishing Centre (IBPC) is a department of Liaoning Science and Technology Publishing House (LST). IBPC has been playing a leading role in publication fields of architecture, interior design, graphic design and landscape design. With a global distribution network, we aim at providing professional documents and up-to-date information for designers as well as common readers world wide.

社址：辽宁省沈阳市和平区十一纬路29号
邮编：110003
传真：024-23280367　邮购电话：024-23284506
发行电话：024-23284502　网址：www.lnpress.com

Add: No.29 Shiyiwei Road,
Heping District,
Shenyang, Liaoning 110003, China

Tel: 86-24-23284506 (Mail order)
86-24-23280366 (Distribution Department)
Fax: 86-24-23280367
web: www.lnpress.com

ARCHITECTURAL
RECORD 建筑实录

EDITOR IN CHIEF	Cathleen McGuigan, *cathleen_mcguigan@mcgraw-hill.com*
MANAGING EDITOR	Beth Broome, *elisabeth_broome@mcgraw-hill.com*
SENIOR GROUP ART DIRECTOR	Francesca Messina, *francesca_messina@mcgraw-hill.com*
DEPUTY EDITORS	Clifford A. Pearson, *pearsonc@mcgraw-hill.com*
	Suzanne Stephens, *suzanne_stephens@mcgraw-hill.com*
SENIOR EDITOR	Joann Gonchar, AIA, *joann_gonchar@mcgraw-hill.com*
PRODUCTS EDITOR	Rita Catinella Orrell, *rita_catinella@mcgraw-hill.com*
NEWS EDITOR	Jenna M. McKnight, *jenna_mcknight@mcgraw-hill.com*
SPECIAL SECTIONS EDITOR	Linda C. Lentz, *linda_lentz@mcgraw-hill.com*
ASSISTANT EDITORS	Laura Raskin, *laura_raskin@mcgraw-hill.com*
	Asad Syrkett, *asad_syrkett@mcgraw-hill.com*
PRODUCTION MANAGER	Juan Ramos, *juan_ramos@mcgraw-hill.com*
EDITORIAL PRODUCTION	Rosa Pineda, *rosa_pineda@mcgraw-hill.com*
ART DIRECTOR	Helene Silverman, *helene_silverman@mcgraw-hill.com*
ASSOCIATE ART DIRECTOR	Gordon Whiteside, *gordon_whiteside@mcgraw-hill.com*
CONTRIBUTING ILLUSTRATORS, PRESENTATION DRAWINGS	I-Ni Chen, Peter Coe
CONTRIBUTING EDITORS	Sarah Amelar, Robert Campbell, FAIA, Andrea Oppenheimer Dean, C.J. Hughes, Blair Kamin, Jayne Merkel, Robert Murray, B.J. Novitski, David Sokol, Michael Sorkin, Ingrid Spencer
SPECIAL INTERNATIONAL CORRESPONDENT	Naomi R. Pollock, AIA
INTERNATIONAL CORRESPONDENTS	David Cohn, Tracy Metz
WEB EDITOR	William Hanley, *william_hanley@mcgraw-hill.com*
PRESIDENT, MCGRAW-HILL CONSTRUCTION	Keith Fox
SENIOR VICE PRESIDENT, GENERAL MANAGER	Robert D. Stuono, *bob_stuono@mcgraw-hill.com*
VICE PRESIDENT, PUBLISHER	Laura Viscusi, *laura_viscusi@mcgraw-hill.com*
VICE PRESIDENT, OPERATIONS	Linda Brennan, *linda_brennan@mcgraw-hill.com*
VICE PRESIDENT, INDUSTRY ANALYTICS & ALLIANCES	Harvey M. Bernstein, F.ASCE, *harvey_bernstein@mcgraw-hill.com*
VICE PRESIDENT, BUSINESS SERVICES	Maurice Persiani, *maurice_persiani@mcgraw-hill.com*
DIRECTOR, CIRCULATION	Brian McGann, *brian_mcgann@mcgraw-hill.com*
SENIOR DIRECTOR, FINANCE	John Murphy, *john_murphy@mcgraw-hill.com*

ARCHITECTURAL RECORD

建筑实录

VOL. 02 2012

封面：广州歌剧院

本页图：南外滩水舍

对页左上图：三里屯SOHO；对页右上图：孝泉镇民族小学

10

[文化建筑 CULTURAL BUILDINGS]

一家跨国公司设计的书法博物馆

英国思锐建筑事务所（Serie Architects）是一家年轻的建筑设计公司，在伦敦、孟买和北京都有办事处，他们目前正在设计一个博物馆，该建筑物主要是为了馆藏书法家颜真卿的墨宝而兴建的。思锐的创立者之一克里斯多佛·李说，他的设计小组仍在对这一设计方案进行完善，但是希望这一工程在2012年末能够破土动工，并争取一年完成主体结构工程。他说，客户通过了解他们为西安国际园艺博览会和杭州新天地工厂所做的设计方案，从而了解了他们公司。

颜真卿博物馆在山东省临沂，占地面积为8265平方米。馆藏公元八世纪山东书法家颜真卿的墨宝。他的作品以"对垂直笔画的刻意强调并且水平笔画的飘逸的韵律之感"而著名。设计师在博物馆的正面造型采用的瓷砖装饰的细节设计中，模仿了这些书法强调垂直的特点。在克里斯多佛·李最初的设计方案中，这些细节被用真正的垂直线条勾画出来。在修改后的设计方案中，这些线条变成了垂直对角设计的细条。突出的垂直线条与主体上的淡淡的水平柱廊形成对比，那精美的柱廊贯穿整个馆所。

这些长方形柱廊串起了这些低矮、方形的建筑群，里面的建筑似乎是随意性的布置，但却表达了设计师一个与众不同的暗喻——学者花园。颜真卿博物馆坐落在这样一个偏远的小山环绕的地方，让人不禁想到一个道士为躲避城市喧嚣而蛰居于此。像学者花园一样，周围的自然景观与其建筑浑然一体。8个建筑物建在地势略高出地平面的三个花园露台上。当游客参观博物馆时，路线是从里向外，然后返回。

克里斯多佛·李说他和他的设计小组设计了该博物馆，但是这个设计不会与颜真卿的书法艺术理念相抵触。这个工程设计中的简朴的直角形状和不规则的线条就与许多别的新式的博物馆的设计明显不同。他说："大多数博物馆，包括中国的，经常看起来像一本大的书卷，呈现出复杂的形式。"他相信"那些形式虽然被标榜为革新，但是其实是旧的观点"。

克里斯多佛·李对于如何展现建筑艺术有一种与众不同的思想。思锐公司网站曾引用他的话说："建筑实践的魅力之处，就是应对当今城市中建筑类型的演变和转变，智慧的反映到对建筑三维空间的解释上。"当年公司的创始人李（Lee）和卡帕尔·古珀塔（Kapil Gupta）在伦敦的建筑师协会会面的时候，李当时正好是"投影城市"计划的负责人，2008年他们同时在伦敦和孟买创办了思锐（Serie's）建筑事务所，2010年开办了北京办事处。李说，公司的名字来源于"一连串的工程"，"就是说概念框架是用一个概念把很多概念串到一起，建筑师和建筑物都共享同样的特性，那就是你从最平常的概念中创造出特殊的来"。

思锐建筑设计所强调"主导风格"是颜真卿博物馆设计工作的起点。克里斯多佛·李说，他们公司把中国北方独有的四合院的建筑风格作为作品的模板。设计公司使用三个这样的庭院组成三个建筑群。观光者可以从垂直和水平两个方向经过三个庭院。他们从设有接待处和商店的入口开始进入，然后往上步入一个有教育和公共设施的露台，最后到达顶楼的展览大厅。"这和传统四合院里面空间上的组织安排很相似"，他又说，"最珍贵的物体和最私密的空间总是布局在项目的最里边。"

博物馆的作品被集中展示在从一层楼到另一层楼的游览路线上。另外，对项目的特色渲染主要通过建筑物的天窗来实现。天窗设计的艺术特性还在完善中，但他们很可能使用垂直的百叶窗来产生幽暗的效果，从而更灵活地使用博物馆。思锐公司最初的设计方案里，天窗设计成垂直的，就像建筑物原来正面的垂直线条。目前，这些天窗呈现出更多韵律，或许让人联想到被风吹皱的一张张纸——是一本书法作品集的贴切的象征。*Clare Jacobson*/文　刘永安译　肖铭/校

[多功能使用 MIXED USE]

锥形塔楼要在郑州拔地而起

维克多·"三分球"·塔汉可能是路易斯安那州的巴吞鲁日城（位于新奥尔良西北130公里）最有名的建筑师。他的公司已经设计了文化、教学和宗教大楼，并以建筑风格特别清晰和优雅而闻名。但是塔汉说，"一个建筑师必须亲临建设实践。"因此去年塔汉把他的一个雇员派到沈阳，在那里建立了一个

小的办事处，沈阳在中国是人们所谓的"二线城市"。但是和美国城市相比已经是非常大了。比巴吞鲁日大上40倍（塔汉决定避开北京和上海，因为有很多别的美国建筑设计公司都已经到过那里）。

塔汉在沈阳办事处的一名雇员泰迪·图（Teddy Tu），把公司的介绍资料给了开发商和当地的设计机

构，希望对方了解自己的公司。很快这家公司就被邀请参加一次有偿项目的竞标，为郑州的河南宏光实业集团设计一个408775平方米的多功能大楼。

塔汉的设计方案中标，并获得该项目的设计业务，该项目目前正在审批阶段。这项工程计划明年破土动工，它将是塔汉在中国第一个项目。预计造价8.8亿美元。

塔汉的优雅方案描绘的是三个锥形塔楼——一个47层的宾馆、一个27的公寓大楼和一个27层的办公大楼。他们都建在一个7层裙房上，裙房作为零售商场使用。在两座塔楼之间，裙房后退街道多一些，留出空间建造台阶，吸引观光者向上聚集到一个像公园一样的室内大厅。

该项设计不仅仅受到纽约洛克菲勒中心（因其顶部花园而著名）

设计思维的启发，也受到有中国乡村传统特色的台阶形式影响。

三座大楼坐落在裙房之上，就像一只动作优雅、正在飞扑的雄鹰。塔汉说，这种效果可以通过在水泥灌注时，对每层楼的建筑模板的排列进行变动来实现。他解释说，构想就是令每一层，或者说在每一层看到的景色都不相同。"如果你住在这里，或去另一单元，或者你又一次入住这个宾馆"，塔汉说，"你应该比仅仅在高度上上升几英尺或者下降几英尺感受到更丰富的体验。"

该项目位于郑州市一块三角地带，距离市中心的一个修建于1971年的27层双塔——二七塔很近，它如今是著名的旅游景点。塔汉设计的三个建筑体将很快和二七塔一起成为该城最重要的观光景点。*Fred A. Bernstein/文 刘永安/译 肖铭/校*

[城市发展 URBAN DEVELOPMENT]

南航打造中国南方航空城

亚洲最大的航空公司——中国南方航空公司计划打造的不仅仅是一个新的企业园区，而是一座位于广州郊区的总部小城。这个名为中国南方航空城（China Southern Airport City）的项目位于距广州白云国际机场约四英里处，面积为988英亩，计划最快于今年底开工。从事国际建筑实践的伍兹贝格公司（Woods Bagot）在赢得包括保罗·安德鲁（Paul Andreu）和扎哈·哈迪德（Zaha Hadid）的作品参加的赛事后，正在设计该项目的总体规划。

该项目用地包括两个翼型地块，并由一条通往机场的高速公路隔开。因其紧邻机场的飞机着陆跑道，所以南航希望从空中观察到的这个园区，能够与在地面上看到

的一样引人入胜。伍兹贝格公司驻北京的负责人翁捷（Jean Weng）说："这里是大门，是你乘飞机降落到这个城市后第一眼看到的景观。"因此，设计师们正试图为建筑与景观的安排营造一种特殊的感觉，翁捷称之为"空中流动"：木棉花——广州市的市花、中国南方的标志上采用的符号，这个造型也为该规划带来了灵感。

在伍兹贝格公司的规划中，连接两个翼型地块的是一座桥梁和延伸于高速公路上方的轻轨系统，并且每个地块都被赋予了各自不同的功能。翁捷谈到："我们将航空公司的大部分内部功能区，如培训中心、员工宿舍以及数据中心设施置于东侧地块。"公司与哈格里夫斯事务所（Hargreaves

Associates）和肖伍德设计工程公司（Sherwood Design Engineers）密切合作，创造了大量的室外空间，"中国的大部分城市相当密集、相当都市化，而南航则意在创造一个人文尺度的园区，并且是更为亲近自然的"。

在西侧的地块上，最靠近桥梁的区域内将设置一系列公共功能

区，例如媒体中心、商务酒店、品牌直销购物中心以及表演艺术中心等。再往北则将聚集生产、经营和科研大楼。据翁捷估计，南航可能需要十年的时间才能完成这个项目，而最终结果将会令人十分欣慰，即建成一座属于自己的精细小城，实现可持续的长期发展。*Tim McKeough/文 高健/译 夏鹏/校*

演讲厅

——介绍《建筑实录》继续再教育应用软件，
唯一不用上网就能完成学分和跟踪进度的应用软件。

GOOD DESIGN IS GOOD BUSINESS

China Awards 2012

2012 "好设计创造好效益" 中国奖

从漂亮的北京三里屯综合开发项目和外观壮丽的广州歌剧院, 到四川地震灾区新建起的了不起的新学校, 2012年 "好设计创造好效益" 中国奖的获奖项目建筑类型广泛, 建筑方法各异。尽管如此, 它们无不显示出建筑可以提升业主的期望值的方式——比如说, 帮助酒店招徕更多客人, 或帮助城市规划出一种更加可持续增长的方式。在这个过程中, 这些项目正在把中国转变成实践最有创意设计的国家。要想看到世界建筑的未来发展趋势, 现在人们必须要去中国。

自从2006年以来, 《建筑实录》每隔一年举办一次 "好设计创造好效益" 中国奖的评奖活动, 不仅对参赛项目优中选优, 更看重设计师与业主之间的密切合作。获奖者除了作品好以外, 还必须帮助业主创造好的效益。今年, 《建筑实录》与其中方合作伙伴——辽宁科学技术出版社一起对参赛作品进行评奖。中方评委和美方评委采取一对一的比例审阅所有参赛作品, 进行投票表决; 获奖项目必须同时获得双方评委的支持。

中方评委: 史建、李虎、黄居正、周榕、李兴钢
美方评委: Clifford Pearson, Suzanne Stephens, Beth Broome, Joann Gonchar, William Hanley

最佳商业建筑
南外滩水舍
国际广场
三亚洲际度假村, 海南
三里屯SOHO

最佳住宅建筑
美伦酒店公寓

最佳公共建筑
孝泉镇民族小学, 四川省德阳市
高黎贡手工造纸博物馆, 云南省新庄
广州歌剧院

最佳室内设计
瑜所
重庆山城售楼中心
上海陶氏中心

最佳历史保护
华侨城创意文化园改版升级, 深圳

最佳绿色建筑
广安门绿色技术展厅, 北京
环保园行政大楼, 香港

最佳规划设计
中粮农业生态谷, 北京
东钱湖新城核心区详细规划方案简介
金江走廊总体规划

GOOD DESIGN IS GOOD BUSINESS
2012 "好设计创造好效益" 中国奖
最佳商业建筑
Best Commercial Project
荣誉奖
Honor Award

建筑设计
如恩设计研究室
委托客户
卡梅伦酒店管理公司

ARCHITECT
Neri & Hu Design and Research Office
CLIENT
Cameron Holdings Hotel
Management Limited

南外滩水舍
Waterhouse at South Bund

　　伴随着席卷全中国各地的大规模旧建筑改造重建浪潮，许多的历史和文化建筑正在被一排排平淡无奇的新建筑取而代之。在这种情况下，许多城市正面临着失去其以往的独特性和众多的旧街区。而南外滩水舍则以其创新的设计思路提供一种具有更美好远景的重建方法，意在为国内的精品酒店市场注入新理念。该项目通过实施添加新

的现代设计元素和现有建筑再利用的策略，为酒店的客人带来一种有如"旧瓶装新酒"的体验。

　　水舍酒店濒临黄浦江，与闪烁着璀璨灯光的浦东天际线隔江遥遥相对。这个坐落于上海市南外滩老码头新规划区内的水舍，是一座有着19间客房的四层精品酒店，由建造于20世纪30年代的原日本武装总部的三层楼改建而成。

　　如恩设计研究室（Neri & Hu Design and Research Office）设计的改建方案，其建筑理念源于新旧元素的鲜明对比。如恩的合伙人郭锡恩（Lyndon Neri）与胡如珊（Rossana Hu）并没有从一块干净的石板开始着手工作，而是巧妙地利用了旧的结构元素，包括将其按时代顺序，分层排列所表达的审美层次感。原有的混凝土结构被保留

1. 建筑师们在设计室内（包括酒店大堂）时，保留了材料本身那种斑驳感。
2. 建筑师们在一栋20世纪30年代建造起来的建筑物的表皮上面增加了一层耐候钢，保持了原有结构的特点。

GOOD DESIGN IS GOOD BUSINESS
2012 "好设计创造好效益" 中国奖
最佳商业建筑
Best Commercial Project
荣誉奖
Honor Award

项目
南外滩水舍
Waterhouse at South Bund

3. 餐厅的设计风格虽然简约却非常迷人，能够俯瞰到外面的一个四合院。
4、5. 四合院的一面是大大的镶木百叶窗，另一面则是镜子。

下来，并加入了大量由耐候钢建造的新元素，隐喻着这座位于黄浦江边运输码头的工业历史背景。他们还为原建筑加建了第四层，设置了客房和一个可以近赏黄浦江美景、远观浦东壮丽的屋顶酒吧。

如恩设计研究室还对整个酒店进行了室内设计。设计师对室内与室外空间、公共领域与私人领域都运用了模糊手法，甚至是倒置的手法，让那些渴望新体验的宾客们既感觉到空间迷失、又觉得耳目一新。从一楼的餐厅、酒店的大厅等公共空间，可通过窄小的视角窥视楼上宾客的私密客房空间，而客房的私密性只需宾客拉上房间的窗帘旋即可获得。同时，私密空间内宾客的视线也因此被引向公共区域——例如透过二楼客房的内置窗便可以俯瞰到楼下前台区。这种意想不到的视觉组合，不仅带来惊喜

的元素，又能使宾客感受到具有上海本地色彩的城市风格：一种由视觉走廊与弄堂（古旧的小巷）的紧密相连性所营造的城市空间风味。

经营几家以设计为主导的家居零售连锁店——设计共和（Design Republic）的设计师们，还为酒店安排家具，策划艺术项目，其中包括他们自己设计的和出自其他设计师的作品；还包括一些诙谐的艺术品和写在墙上与地板上的风趣而富哲理的话语，唤起宾客对非凡事物的好奇心和探索欲。

水舍酒店的地理位置虽然不在上海常规的旅游路线上，但其新颖的设计却克服了这一弱势。凭借自身时尚动人的建筑，水舍酒店目前已成功跻身成为一流的酒店企业，同时也为这个一度被忽视的社区的发展起到催化剂的作用。王晨晖/文 高健/译 夏鹏/校

6. 屋顶上的酒吧里可以欣赏浦东江景。

7. 虽然每间客房都非常独特，但是对于现代材料和原有织物的结合却处理得恰到好处。

GOOD DESIGN IS GOOD BUSINESS
2012 "好设计创造好效益" 中国奖
最佳商业建筑
Best Commercial Project
荣誉奖
Honor Award

建筑设计
许李严建筑师事务所
委托客户
联合国际酒店有限公司

ARCHITECT
Rocco Design Architects Limited
CLIENT
Associated International Hotels Limited

国际广场
iSquare

　　香港超常的人口密度和高昂的房地产价格推动着开发商建造比以前更高的多功能建筑楼房。来自香港的建筑师严迅奇（Rocco S·K·Yim）负责设计了国际广场（iSquare），这是一个面积53000平方米，集零售、餐饮和娱乐为一体的综合性建筑。在严迅奇的设计中，从地面到离地26米处空中大厅的整个行程，都充满着生动变化的空间。从空中大厅往上还有iMAX影院和餐厅大楼——这个建筑本身就是一笔巨额资产。

　　"在传统的中国建筑艺术文化中，推崇空间水平方向的序列性。比如，从庭院出来，进入一个庭院，又进入另一个庭院。"严迅奇解释说，他于1982年创建了许李严建筑师事务所（Rocco Design Architects Limited）。在谈到香港国际广场这个项目时，他说："我们在设计这个国际广场的时候，想要尽力去达到相同的效果，但是，在这个建筑物上体现的是垂直方向的空间延续性。"那就意味着需要创造一系列的有特色的建筑物内部空间来吸引观光者，部分地也是为了让观光者欣赏外部的景观，比如，可以俯瞰全城和维多利亚港。不像那种只能欣赏到内部景观的购物中心，国际广场是观光者"可以在不同的高度上一睹整个城市风采"的建筑体。

　　整个建筑物的基础部分是一个十二层的裙房，这些裙房的一端是一个电影院综合体（包括iMAX剧院），另一端是十二层高的饭店。连接着剧院大楼和饭店大楼的就是一系列的就餐和社交用的露台。

　　严迅奇把大楼建在距北京路8米的地方，并且创造出一个市民广场，令那些步行者路过此处时，情不自禁地放慢脚步，产生想光临大楼的念头。直通顶层的自动扶梯被非常有策略地沿着透明的尖沙咀弥敦道（Nathan Road）的正面安装——仿佛把街道上行人引向立体的空间。还有，多部自动扶梯可以将游客从地铁车站的第二个地下室直接带到空中大厅。沿着电梯，观光者可以看到投射到墙壁上的树和花的影子。当乘客乘坐电梯路过的时候，仿佛看到这些树和花就好像在生长。这样的景观令乘坐自动扶梯的旅行充满活力。

建筑师在设计时，把自动扶梯作为这个多功能综合体内部的一个重要的建筑特色（对页图），使其从外部也能够清晰可见（本页图）。

GOOD DESIGN IS GOOD BUSINESS
2012 "好设计创造好效益" 中国奖
最佳商业建筑
Best Commercial Project
荣誉奖
Honor Award

项目
国际广场
iSquare

从大街上看，这个建筑的设计层次清晰，它的正面几乎就像一个剖面图。建筑物不透明的那一部分（柔和的LED灯光照在白色的玻璃墙上）衬托着透明的、能看到自动扶梯和空中大厅的、透明的那一部分，这令它更加引人注目。那些空中大厅分别使用了红色、黄色和蓝色的灯光来照明，令每个大厅都显得有别于其他。对建筑物外体采用不同的处理方法意味着，当人从不同的角度观察建筑物的时候，它的特性就会有所不同。严迅奇说："建筑物的有些部分不被强调，几乎消失了，而另外的一些部分则有一个强烈的视觉冲击效果。"

香港的尖沙咀（Tsim Sha Tsui）地区，也就是国际广场所在的位置，不缺乏明亮的照明设施。事实上，香港这个地方，彰显突出位置的办法不是使用霓虹灯和闪光的外表，而是巧妙地运用微妙的设计元素，例如，严迅奇设计国际广场时所选用的元素就是通过创造令人感兴趣的外部体验——并且通过外表一隐一现的效果来渲染这些体验——严迅奇已经证实立体叠加的购物和娱乐空间的构想不再是神话。*Fred A. Bernstein*/文 刘永安/译 肖铭/校

该项目要设计成一组互相叠加的庭院，在这些庭院里均可欣赏外面的景色（右图），还包括一间塔楼，周围遍布各式各样的餐厅（对页左图）。综合体外面的广场吸引内部人们的注意。

GOOD DESIGN IS GOOD BUSINESS
2012 "好设计创造好效益" 中国奖
最佳商业建筑
Best Commercial Project
优秀奖
Merit Award

建筑设计
WOHA建筑事务所与太原
理工大学建筑设计研究院

委托客户
三亚鹿回头旅游区开发
有限公司

ARCHITECT
WOHA and Institute of Architectural Design & Research
Taiyuan University of Technology

CLIENT
Sanya Luhuitou Tourist Area Development Company

三亚洲际度假村, 海南

InterContinental Sanya Resort, Hainan Island

在距三亚不远的小东海湾（Xiao Dong Hai Bay），由来自新加坡的WOHA建筑事务所设计了一个兼具度假村和城市酒店双重功能的项目。10层流线造型的大楼为商务旅行的宾客提供了集中的客房和会议空间。同时，该项目的建筑群中还设有20套单卧室别墅面向海滩和204套两层楼的套房，它们数量很多、自然蔓延、环水而建，构成大型的水景庭院。因此，游客可以在此悠闲地度假、尽情地享受。

WOHA合伙人黄文森（Wong Mun Summ）与理查德·哈塞尔（Richard Hassell）通过精心地布置花园，巧妙地使池水映照进客房的室内的顶部，神奇地将度假村的宾客居所变成了一幅生动的图画，蓝绿相间、一直伸展到海滩。从高高的塔楼向下俯瞰，不禁使人联想到岛上常见的层层梯田上稻谷翠绿。

酒店350套客房全部面水而建，每位宾客都可以尽情欣赏、享受这里的热带风光。塔楼每

1.铝制围屏的安放对倒影池有遮阳的效果，同时形成
一条通往里面温泉别墅私密空间的路。
2.酒店的大部分空间环绕着水景庭院而建，室内与室外
天然融为一体。

GOOD DESIGN IS GOOD BUSINESS
2012 "好设计创造好效益" 中国奖
最佳商业建筑
Best Commercial Project
优秀奖
Merit Award

项目
三亚洲际度假村，海南
InterContinental Sanya Resort, Hainan Island

3、5、7.木格对室外空间有保护作用，预制混凝土围屏使塔楼里的房间舒适清凉。

4.绿色屋顶减少了低层房间的太阳能负荷。

6.WOHA建筑事务所把度假村设计成一个热带海滨度假胜地。

8.大堂酒廊空间通透。

个单元空间设计成只有一间客房的宽度，在背向海滩的一侧设置了户外走廊，这种设计不仅可以最大限度地利用对流风保持客房的清凉，而且还可以很好地利用日光照明。尽管每套客房都安装了空调，但建筑师希望宾客无需使用这些设备。别墅和水景庭院的客房因其拥有私人户外浴室和花园，也可以获得自然的通风。同样，酒店的大厅、用餐区以及酒吧等空间也都可以通往户外，大部分时间也不必使用空调设备。就连会议室也都带有花园，习习的微风使得室内凉爽宜人。高高的挑檐、阴凉的庭院与节约用水等都是酒店可持续设计策略的具体体现。

整个设计过程中，黄文森、哈塞尔及其团队还尽力把传统设计元素用现代手法表现出来。例如，他们重新诠释了传统中式几何关系，应用到防护塔楼的预制混凝土围屏，及铺设于餐厅和休息室的金属隔板上。利用了近几十年来数学家才开始关注的非周期性几何体造型，而摒弃了传统的设计。对于材料，他们从牡蛎壳上吸取灵感——外表粗糙而内部自然，且内侧平滑而光泽。因此，游客从外面看到的是灰色花岗岩和镂空铝板，内部则是光亮的青铜和金色饰面。

黄文森解释说："对于本项目，我们的设计旨在使外国游客可以深刻地感受到中国的风土人情，又能够令中国游客体会到十足的现代气息。而他们正对三亚趋之若鹜。"因此，该建筑本身起到了吸引八方宾客的作用，无论对于商务人士、普通家庭、中国游客还是海外的朋友，这里都是一个理想之地。Clifford A. Pearson/文 高健/译 肖铭/校

8

GOOD DESIGN IS GOOD BUSINESS
2012 "好设计创造好效益" 中国奖
最佳商业建筑
Best Commercial Project
优秀奖
Merit Award

建筑设计	ARCHITECT
隈研吾建筑都市设计事务所（总体设计和外观装饰）SAKO建筑设计工社；MOD建筑规划设计事务所；空间有限公司（内部装饰）	Kengo Kuma and Associates (master plan and exteriors) Sako Architects; MOD; SPACES Ltd. (interiors)
委托客户	**CLIENT**
中国SOHO开发有限公司	SOHO China LTD.

三里屯SOHO
Sanlitun SOHO

今天看来，城里人很喜欢住在既幽静又充满活力的地方。北京市朝阳区的三里屯SOHO楼盘就是这样一个城市发展趋势的典型案例——它在同一个城市圈中集合了许多不同功能的活动。它的内部结构包括了各种零售商店、办公空间、酒店和住宅公寓，因此它是一个全天都充满着活力的地方。项目用地的中间是一条弯曲的通道，两

侧的建筑布局错落有致。整个楼区看上去紧凑而和谐，彰显出其独特的建筑个性。

该项目位于北京市朝阳区的工体北路南侧、南三里屯路以西，它延续着这个曾经破旧的三里屯地区进而演变成为一个高档的娱乐休闲区域的进程。这个改变的进程是以兴建三里屯的VILLAGE项目为起点，那是太古地产公司

（Swire Properties）所开发建设的，同时也包括了隈研吾建筑都市设计事务所（Kengo Kuma and Associates）设计的北京瑜舍酒店（Opposite House Hotel，详见44页，隈研吾建筑都市设计事务所负责该项目的建筑设计）。为了不落时尚，SOHO中国房地产公司——中国最成功的开发商之一聘请了著名的隈研吾建筑都市设计事务所

这座46.5万平方米的建筑综合体包括五个购物中心和九个高矮不同的办公和公寓大楼（本页图）。商场中庭连接许多小店铺，非常引人注目（对页图）。

GOOD DESIGN IS GOOD BUSINESS
2012 "好设计创造好效益" 中国奖
最佳商业建筑
Best Commercial Project
优秀奖
Merit Award

项目
三里屯SOHO
Sanlitun SOHO

对该项目进行总体设计,同时也进行了外部造型的装饰设计。建筑物内部的设计由一些年轻的设计公司承接——SAKO建筑设计事务所(Sako Architects)、MOD建筑规划设计事务所(MOD)和空间有限公司(SPACES Ltd.)。"SOHO"设想把它开发的这个区域做成一个当地人和观光客都会十分感兴趣的活动中心,比如这里设有各种各样的精品时装店、酒店和饭店等来吸引游客。办公大楼囊括许多具有创造力的公司。同时,这个拥有46.5万平方米的建筑综合体包括五个购物中心(包括12.8万平方米的零售区域)、九个高矮不同的塔楼(12.8万平方米的办公区域)以及公寓区(11.8万平方米)。旱冰场和水景庭院连接着五大购物中心、步行街和

一个美丽的"山谷"在建筑物之间蜿蜒穿梭,为公众提供一处休闲放松的开放空间(最上图和对页图)。九个高矮不同的塔楼是办公区和公寓区(左图和上图)。

开放式广场。在地下区域，共备有2362个停车泊位。

隈研吾建筑都市设计事务所成功地创造了感官上呈流线型的塔楼群构成的住宅村，塔楼的外围是玻璃和金属交织而成的幕墙，颜色以蓝色、灰色和白色为主基调，只有位于中部的塔楼采用了突出醒目的橘黄色为外墙。这一设计确立了一个容易辨别的、且由不同的形状和颜色构成的符号系统，从而使整个建筑群在视觉上浑然一体。为了满足日照的要求，公寓大楼被规划在建筑群的南部区域里，而办公大楼坐落于北部，这样不但使得该小区居民能够与主要街道进行便利的沟通，而且通过把建筑综合体划分成许多塔楼，并在塔楼外边留有连续且足够宽敞的户外空间，隈研吾建筑都市设计事务所的这种设计使得阳光能够直接并且充分地引入到每个建筑物里。

由于与众不同的建筑风格，三里屯SOHO楼盘并没有与周边建筑建立更多的对话关系，而这也是一种姿态。这个建筑的成功之处还在于它具有强烈的识别性——位置优越以及高密度的混合功能。根据SOHO中国房地产开发公司的数据显示，虽然这个项目是在2008年正值世界经济危机的阴影下开始启动的，但是到2011年8月为止，SOHO中国的官方报道说，它的总收入已达到169亿元人民币。此外，它的办公区域所占的比重也超过了90%。起到同样重要作用的还有该项目极具吸引力的步行街和它的休闲广场，这一切都使三里屯SOHO楼盘不愧为北京最受欢迎的地方。金鑫/文 刘永安/译 肖铭/校

GOOD DESIGN IS GOOD BUSINESS
2012 "好设计创造好效益" 中国奖
最佳住宅建筑
Best Residential Project
荣誉奖
Honor Award

建筑设计
都市实践建筑事务所
委托客户
中国招商房地产有限公司
（深圳）

ARCHITECT
Urbanus Architecture & Design Inc.
CLIENT
China Merchants Property
Development Co. Ltd (Shenzhen)

美伦酒店公寓
Maillen Hotel and Apartments

在中国，当代住宅设计通常遵循着一个基本原则，即尽可能地减少房地产开发商所要承担的市场风险。这样的结果是，在这种以市场为导向的大环境下，建筑师鲜有机会能够设计出别具一格的房屋类型，而美伦酒店公寓（Maillen Hotel & Apartments）项目则是一个例外。

美伦酒店公寓坐落于深圳蛇口区（Shekou District of Shenzhen）一个梯田状的山坡上，占地面积约为13200平方米，建筑面积达25100平方米，其内部的布局以公寓和酒店为主。该项目设计的主要目标是创造一个极具吸引力的日常生活空间。因此，设计师让综合建筑体从景观中平缓地"生长"出来

回应着原始的地形，并且在建筑周边设计了一系列的水池与庭院，这样做能够唤起居住者对人与自然以及人造环境之间相互关系的一种体会——只要凭窗而望，庭院中松竹梅生机勃勃之景致便可尽收眼底。一条简约的步行道贯穿着园区中心，仿佛是蜿蜒漂浮于水面之上，将各个花园联系在一起。

这座建筑面积为25100平方米的综合体建筑代表与典型公寓大楼不同的一种新的建筑方法（对页图）。缓缓倾斜的屋顶和水景本身就是周围山体风景的一种抽象写照（下图）。

GOOD DESIGN IS GOOD BUSINESS
2012 "好设计创造好效益" 中国奖
最佳住宅建筑
Best Residential Project
荣誉奖
Honor Award

项目
美伦酒店公寓
Maillen Hotel & Apartments

酒店（底图和对页上图）除了为开发商提供额外的收入来源以外，也为当地民众创造了工作机会。公寓大楼环绕在优美如画的庭院外面（对页下图）。

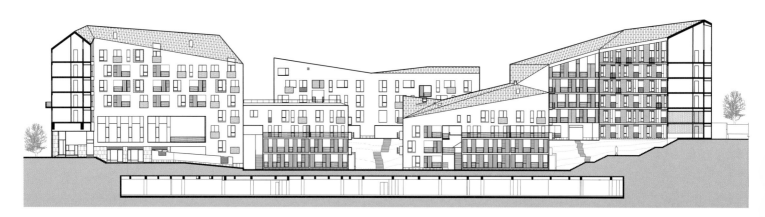

该项目共有170套公寓，总建筑面积为21540平方米，深受年轻的白领以及日本、韩国等外国朋友的青睐。

在满足开发商实现经济型开发需求的基础上，设计师强调了建筑与现有地形的结合，并试图在现代居住方式中唤起人们对中国古典园林景观的回忆。为此，设计师重新诠释了中国传统的空间组织关系，并且把它与21世纪居住者的日常生活体验与习惯结合起来。这个项目通过表现山与水、园与林之间的辩证关系，让人们体会到中国传统美学中"天人合一"的基本哲学思想。从这些理念出发，设计师试

图创造出一种全新的居住生活空间，实现传统景观理念与当代生活方式的完美结合。结果就是，当人们沿着中间步行道走入这一建筑群时，随之而来的是线性的连续的空间体验。

无论是对于希望亲近自然的宾客，还是喜欢具有与众不同的酒店设计风格的外国游客，美伦酒店公寓均被赋予了令人难以抗拒的吸引力。与大多数依靠消耗自然环境的开发项目不同，美伦酒店公寓不仅拥有着大量的绿色空间，还实现了自然光线最大化利用和进行了自然通风系统等许多可持续性设计。

王晨晖/文 高健/译 肖铭/校

GOOD DESIGN IS GOOD BUSINESS
2012 "好设计创造好效益" 中国奖
最佳公共建筑
Best Public Project
荣誉奖
Honor Award

建筑设计
TAO迹·建筑事务所
委托客户
孝泉镇小学

ARCHITECT
TAO (Trace Architecture Office)
CLIENT
Xiaoquan Elementary School

孝泉镇民族小学，四川省德阳市
Xiaoquan Elementary School, Deyang, Sichuan Province

2008年那次令整个中国中部地区都有强烈震感的8.0级四川大地震造成了68000人的罹难、数百万的人无家可归。在这次灾难性的地震之后，很多人受到灾害带来的严重影响，甚至流离失所，孝泉镇民族小学的学生也在其列。

为了满足孝泉镇重建一所结构健全的小学校舍的需要，总部位于北京的TAO迹·建筑事务所（Trace Architecture Office）设计了一座面积为8920平方米的综合性教学楼。建筑结构采用的是现浇混凝土的框架体系；外露的梁柱和部分混凝土墙面以"清水"方式处理；填充墙是外层清水砖墙和内层保温砌块的复合墙体；门窗采用实木门窗，固定扇为玻璃，开启扇为木头。这个学校重建项目不是由省级或者地方政府来操作的，而是由许多赞助者们来操作的，其中包括了江苏太仓红十字会、广东四会六祖寺慈善普济会、清华以及北京大学商学院等社会各方的资金赞助人组成的董事会来私募股权基金，用以完成学校的灾后重建工作。该设计把校园视为一个微型城市，给孩子们提供了不同尺度的游戏角落和迷宫式的体验空间。这个多功能的建筑综合体包括三个主要教学楼——可用来进行音乐、艺术和科学教学的多功能教室、一个宿舍和一个食堂。校园里有一条由竹制棚顶的户外长廊，将各个教学楼连接成为一体，TAO迹·建筑事务所的主要创始人华黎先生称这条长廊为联接各个教室空间的"脊柱"。孝泉镇地区气候炎热、潮湿，这条长廊不但可以为学生遮阳避雨，同时能让凉爽的微风飘过整个校园。

华黎解释说："我们尽力用建筑艺术去创造一系列城市空间，来丰富学生每日的生活体验。"而且这个新建成的学校甚至能够承受住里氏震级高达7.0级的地震破坏。

为了使学生与他们熟悉的环境联系起来，华黎说，他的设计组尽力在材料和建筑形式等方面都考虑到了当地的建筑材料和建筑风格。环绕在校园内的室外走廊就是刻意模拟了孝泉地区看起来像迷宫似的街道和小巷。建筑物围绕着露天的庭院并被有序地组织在一起，设计师特别使用了反映当地特色的竹木、柚木和地震后回收的旧砖，使得震后再生的意义在建筑中充分地体现了出来。TAO迹·建筑事务所避免使用明亮的颜色和别的当地校舍设计中常用的艺术手段，取而代之的是允许他们使用的材料占据中心舞台，为的是"我们想改变一下小学教育的传统概念"。

学校的成功不是用测试分数和成绩来测量的，华黎说，"而是让学生利用这块地方来'做他们喜欢做的事情'——谈话、玩耍和骑自行车——这些积极的活动受到校园内那些像迷宫一样空间的激发。"学校老师安排学生们写下对新校舍建筑的反馈意见，华黎补充说，"大量的学生都谈论他们从这所校园里获得的乐趣。" *Asad Syrkett/文 刘永安/译 夏鹏/校*

新学校替代了在2008年的四川地震中受毁的学校，它现在很像一座小城（右图）。建筑师们在学校的周围设计了一些类似城市类型的"街道"、"胡同"、庭院和广场（下图）。

GOOD DESIGN IS GOOD BUSINESS
2012 "好设计创造好效益" 中国奖
最佳公共建筑
Best Public Project
荣誉奖
Honor Award

项目
孝泉镇民族小学, 四川省德阳市
Xiaoquan Elementary School
Deyang, Sichuan

学校给孩子们提供各种各样娱乐和发现的场所（本页图和对页图），使用当地建筑商熟悉的材料建成，比如砖、木头、竹子和现浇混凝土。

GOOD DESIGN IS GOOD BUSINESS
2012 "好设计创造好效益" 中国奖
最佳公共建筑
Best Public Project
荣誉奖
Honor Award

建筑设计
华黎 / TAO 迹·建筑事务所
委托客户
界头乡新庄村龙上寨

ARCHITECT
HUA Li / TAO (Trace Architecture Office)
CLIENT
Longshangzhai, Xinzhuang Village, Jietou Town

高黎贡手工造纸博物馆，云南省新庄

Gaoligong Museum of Handcraft Paper, Xinzhuang, Yunnan Province

虽然是一座新建的大楼，高黎贡手工造纸博物馆却肩负了保护和弘扬传统手工艺的使命。因此，可以把它称之为 "保护工程" ——它巧妙地把古老的方法与新的技能和新的用途融合在一起。如何使建筑的设计回应传统的地域文化及环境一直是建筑设计师正在思考的重要问题。

高黎贡手工造纸博物馆位于云南世界级生态保护区——高黎贡山的山脚下，四周环境优美，与新庄村比邻。这项工程向人们展示了手工造纸的历史、传统工艺和产品，手工造纸作为文化遗产得以保护，并对区域经济的发展贡献自己的一份力量。

为了使该建筑物适应当地气候，而且有利于环境保护，TAO迹·建筑事务所（Trace Architecture Office）在施工过程中主要使用的是当地的建筑材料、施工方法和工匠。建筑设计师们也明确规定了怎样使用当地材料：建筑物外部用木头、屋顶用竹木、室内装饰用手工造纸以及地面用火山石铺设。与此同时，建筑师们也利用了一些新的材料和新的技术，例如，他们把现代建筑技术的细节处理方法应用到了传统的不用钉子的榫卯（sǔn mǎo）连接结构上。因此，在一定程度上可以说，高黎贡手工造纸博物馆是现代的建筑品质与地方特色在现代中国农村环境下的相互结合的大胆尝试。

博物馆在观光流线的设计上独具匠心：设计师们让游客在一个展厅里感受传统工艺的魅力，走出这个展厅就能欣赏到外面美丽的风景。在这个交替转换的过程中，博物馆深深唤起了参观者对纸的制造和环境之间不可分割的感觉和对什么是自然的、什么是人造的之间内在关系的感悟。展厅设置在一层，开放式工作间及会议室被布置在二层。室外楼梯引导着参观者来到有竹制顶棚的屋顶平台。建筑东面的阳台提供了观看高黎贡山美妙全景的地方。

下图和对页图：建筑师把博物馆看成一座小村庄进行设计，并且根据当地乡土建筑物对其形态进行仿拟。

GOOD DESIGN IS GOOD BUSINESS
2012 "好设计创造好效益" 中国奖
最佳公共建筑
Best Public Project
荣誉奖
Honor Award

项目
高黎贡手工造纸博物馆，
云南省新庄
Gaoligong Museum of Handcraft Paper,
Xinzhuang, Yunan Province

下图和左图：6个展室展示了不同的造纸过程，室内墙壁贴上人工纸。

对页图：当地工人使用传统的建造方法和材料（比如杉木、竹子和火山石）来建造博物馆。

在一楼，与不同造纸方法相对应的六个展室沿着中央庭院呈环形分布。建筑物外墙地基的镂空基石起到了自然通风的作用。一些展室的高高的窗户让日光进入展室的空间里，同时又避免了日光从人眼睛的高度照射进来，使游客不会感到光线刺眼。室内展厅之间玻璃顶也贴上手工纸，这样光线可以漫射。在展室里，墙壁贴上白纸可以产生温和的暖色，并保持空间的抽象感和神秘感。

博物馆坐落于通往新庄村的主要道路上，自然就起到了向游客介绍村庄的作用。这座建筑物连同新庄村里其他的建筑构成了一个更大的博物馆。在某种意义上，每个房子都展示着造纸工艺。同时，通过把博物馆设计成许多建筑物的组合，设计师们把它们想象成一个微型村庄。王晨晖/文 刘永安/译 肖铭/校

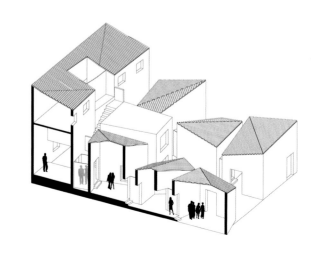

GOOD DESIGN IS GOOD BUSINESS
2012 "好设计创造好效益" 中国奖
最佳公共建筑
Best Public Project
荣誉奖
Honor Award

建筑设计
扎哈·哈迪德建筑事务所
委托客户
广州市政府

ARCHITECT
Zaha Hadid Architects
CLIENT
Guangzhou Government

广州歌剧院
Guangzhou Opera House

广州市政府曾经对这座新歌剧院的设计进行了一番气势恢宏的展望：落成之后它将有能力承办最高水准的中、西方戏剧演出，并将成为一个深受市民欢迎的开放式场所。根据扎哈·哈迪德建筑事务所（Zaha Hadid Architects）的设计，在广场处模仿一处波浪式的沙丘，铺设两块由玻璃和花岗岩组成的巨石。

广州歌剧院于2010年竣工，建筑面积达70000平方米，它使广州与珠江有了新的连接点。借此，曾经主要为捕鱼业所用的方寸之地发展成为一个贸易、文化中心。歌剧院也为一些特色演出搭建了平台，当地观众和游客纷至沓来。项目设计师说："今年初，我在此非常欣喜地看到，这个公众聚会场所备受广州人民的喜爱。"

扎哈·哈迪德把广州歌剧院项目想象成一对卵石状结构，四周人流涌动。

GOOD DESIGN IS GOOD BUSINESS
2012 "好设计创造好效益" 中国奖
最佳公共建筑
Best Public Project
荣誉奖
Honor Award

项目
广州歌剧院
Guangzhou Opera House

围绕着歌剧院的是混凝土结构的卵石形状的巨大建筑，内部是钢制框架结构。这个外壳部分被三角形花岗岩石板所覆盖。外表粗糙的、深灰色质地的花岗岩被用在两座建筑中较大的那一栋，其内部有足以容纳1800名观众的场地。另一座是可容纳400人的多功能大厅，它使用的则是浅色的花岗岩。设计师于先生（Simon Yu）曾这样描述："正如河岸上被河水冲蚀得光亮的巨石一样，这些有纹理的抛光表面强化了这项工程的设计理念。"建筑的其余部分覆盖的是棋盘格形图案的三角形玻璃板，目的是用来增强公共场所的通透性。

在建筑物的内部，设计师用玻璃纤维强化石膏板和固体铺面材料对蜿蜒曲折的观众席、大厅以及彩排室进行装修。"在中国文化的概念里，同化的思维很有其市场价值。在溪流两岸铺设鹅卵石和岩石的构思对于珠江附近的工程至关重要"，于（Simon Yu）说。

中西方戏剧演出对观众席区域的设计要求是大相径庭的。设计师们在构思舞台布局之初就已经与声学家马修·戴（Marshall Day）展开了密切合作。由于西方歌剧重在自然音效；而中国的戏剧，剧情优先的同时也更依赖于声效。扎哈·哈迪德建筑事务所十分重视并致力于平衡混响、音量和清晰度三者带来的声效，在音量需要相对舒缓、柔和的前排听众席区，采用了玻璃纤维来强化石膏板的功能，以获得最佳视听效果。*Laura Raskin/文 刘永安/译 夏鹏/校*

2

1、2.这座70000平方米的综合体建筑物位于广州一个高速发展的地区，成为夜晚一个人气很旺的地点。

3-6.建筑师的设计受到侵蚀概念的启发，把室内和室外都塑造成嵌入人造地形之中的山谷状结构。

GOOD DESIGN IS GOOD BUSINESS
2012 "好设计创造好效益" 中国奖
最佳公共建筑
Best Public Project
荣誉奖
Honor Award

项目
广州歌剧院
Guangzhou Opera House

流动性的建筑构造形成了一间彩排室（左图）和一个大厅（上图）。综合体里的一个能容纳1800名观众的礼堂（对页图）。

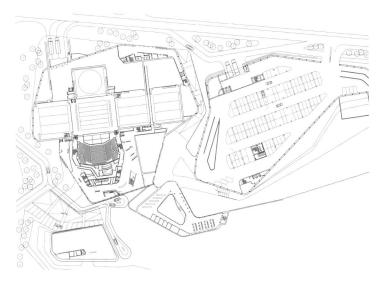

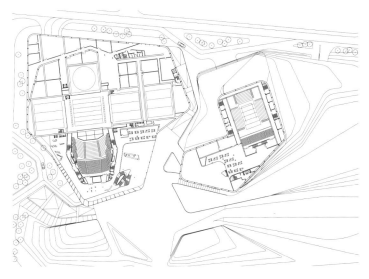

GOOD DESIGN IS GOOD BUSINESS
2012 "好设计创造好效益" 中国奖
最佳室内设计
Best Interiors
荣誉奖
Honor Award

建筑设计	ARCHITECT
如恩设计事务所	Neri & Hu Design and Research Office
委托客户	CLIENT
太古地产	Swire Properties

瑜所
The Opposite House

在瑜所这个项目中，设计出让人感觉具有友好氛围的空间的前提是相互协作。瑜所是位于北京朝阳区三里屯的一个精品酒店，它是由如恩设计事务所（Neri & Hu Design and Research Office）的郭锡恩先生（Lyndon Neri）与胡如珊女士（Rossana Hu）共同设计而成的。2004年，郭锡恩和胡如珊在上海建立了如恩设计事务所，他们和酒店建筑设计师隈研吾（隈研吾建筑都市设计事务所 Kengo Kuma and Associates）保持着长期相互合作的关系。郭锡恩说，自己和胡如珊对隈研吾在建筑理念上的尊敬，使他们在与隈研吾共同完成瑜所这个项目中，合作起来十分容易，"我们探究了许多类似的事情：分层、构造和物质的概念，对空间与装饰的相对体验"。

在瑜所项目中另外一个具有重要意义的合作概念，体现在了设计师与客户之间的互动关系上。太古地产（Swire Properties）在一开始委托过3家不同的公司来为地下室的接待空间做设计，但是太古地产对设计成果并不满意，最后太古地产把所有的工程都委托给了如恩设计事务所，但此时距离开工时间已经十分紧迫。这项工程的设计范围包括8个部分：即南部的地中海餐厅（Sureño Mediterranean Restaurant）、北亚洲餐厅（Bei Asian Restaurant）、朋克摇滚酒吧（Punk Bar）、五间私人餐厅、多功能"绿色房间"、户外露天下沉式花园、公共走廊以及卫生间。

太古地产要求如恩的设计师为5个各不相同的地方设计出不同的方案。设计师最终选择了五项传统的中国元素——木、火、土、金和水——作为序列的主题，并且它们以空间形式表达而不是文字方式呈现："木"由设计成森林状的北亚洲餐厅入口暗示它的不同；"水"以地中海绿洲的形式呈现，"火"用花园里的壁炉来表达。"如果我们让他们成为装饰性元素，它们就只能是一个陪衬"，郭锡恩说道。房间里所选用的材料从地中海的水、花纹大理石，到摇滚酒吧的穿孔金属装饰板，再到陶制入口的青铜门槛——都鲜明地强调出这一主题。

工作的速度似乎没有影响到他们工作的质量。"地中海餐厅在2009年餐厅竞争中脱颖而出，并且自从那时起它成为了北京最好的餐厅"，罗斯说道。"高雅优美的设计和自然光线的运用方法，常常作为它成功的案例而被引用。"

郭锡恩认为，设计可以增加项目的好的效果，但同时也承认了设计仅仅是扮演着支持者的角色。"你可以自豪地说，'由于我的设计，这个地方完美了'。但是如果没有规划、服务和食品方面的配合，什么样的设计就都无关紧要了。"郭锡恩称赞太古地产又补充道，"他们作为一个团体，不仅仅是专心致志而且对他们所做的事情充满热情，像他们那样的客户对建筑师有很大的帮助作用。" *Clare Jacobson*/文 刘永安/译 夏鹏/校

本页图和对页图：如恩设计研究室设计了瑜舍酒店的餐厅、酒吧和休息室，用现代感来诠释亚洲和西方主题。

GOOD DESIGN IS GOOD BUSINESS
2012 "好设计创造好效益" 中国奖
最佳室内设计
Best Interiors
荣誉奖
Honor Award

项目
瑜所
The Opposite House

在酒店低层，建筑师们采用玻璃、灯光和镜子，在大厅里创造出一种亲密感（对页图）。他们把亚洲餐厅（最上图和对页最上图）想象成一个林中空地，垂吊下来的灯代表飞鸟。在地中海餐厅的设计中，他们使用各种各样的木头，创造一种温馨、放松的氛围（右图）。

GOOD DESIGN IS GOOD BUSINESS
2012 "好设计创造好效益" 中国奖
最佳室内设计
Best Interiors
优秀奖
Merit Award

建筑设计
壹正企划有限公司

委托客户
重庆润江置业有限公司

ARCHITECT
One Plus Partnership

CLIENT
CQ Runjiang Real Estate CO. LTD

1-3.多棱角的几何体石墙和条纹肌理的大理石地面在这个1600平方米的空间里创造出一种洞穴般的意境。

重庆山城售楼中心
Chongqing Mountain and City Sales Office

　　不断扩展的大都市重庆位于四川盆地，周围山脉绵延。由于地形的影响，这座有着3千万人口的都市在一年当中足有100余天笼罩在薄雾之中，也因此有了"雾都"（Fog City）的雅称。总部位于香港的壹正企划有限公司（One Plus Partnership）从这座城市的地形和斑驳陆离的灰色天空中获得灵感，并把这种灵感体现在重庆山城项目的售楼中心的内部设计之中——这个项目是一个大型混合功能的建筑体，包括35000平方米的酒店、零售区和居住区。（在北京、上海、新加坡以及伦敦设有办公机构的Spark国际建筑事务所设计了该建筑的外观。）

　　这个面积为1600平方米的售楼中心把山脉形象地移到了室内，多棱角的几何体造型的石墙以及条纹肌理的大理石地面创造出了宛如洞穴一般的意境。细长的LED灯饰从天花板上径直垂吊下来，仿佛是一串串钟乳石。不锈钢与青铜铸成的前台及家具捕捉着光亮，点饰着大厅。陡峭的楼梯由凹进的LED灯点缀着通向二楼。设计者说，"单灰色调使人很容易与当地的景观联系起来——既吸引了潜在的客户，也让参观者感到无比放松。"

　　售楼中心包括一个展示区、一个儿童活动室、员工办公室以及一个用于举行销售和商务会议的VIP室。开发项目结束后，该售楼中心楼将用作业主会所。壹正企划有限公司也承担了一些住宅的室内设计。公司的一位销售代表陈懿德表示："有这样一座别致的售楼中心，销售工作进展得非常顺利，吸引了公众的关注。"本项目是该开发商最大也是最重要的一个工程，位于重庆的郊区；一个与众不同、充满梦幻的售楼中心可以帮助参观者对这个还在建设中的项目充满期待。

　　壹正企划有限公司与本项目开发商上海复地（Shanghai Forte Land）在先前也有过亲密合作。该公司为位于重庆北部金开大道东侧的住宅楼"天玺"（The Cullinan）项目设计的样板间于2011年获得了几项重要的国际大奖。该设计和山城售楼中心的设计一样，也模仿了重庆景观，这一设计给开发商留下了极为深刻的印象并且为壹正公司赢得了更多的工程。陈说："为了增强其品牌的国际效应，开发商选择了我们，因为他们欣赏我们的创新设计。也正是因为对我们充满了信心，才使得我们在设计上有更多的自由空间。"

Laura Raskin/文 高健/译 夏鹏/校

GOOD DESIGN IS GOOD BUSINESS
2012 "好设计创造好效益" 中国奖
最佳室内设计
Best Interiors
优秀奖
Merit Award

建筑设计　　　　　　　ARCHITECT
美国晋思建筑咨询公司　　Gensler
委托客户　　　　　　　CLIENT
陶氏化学（中国）有限公司　Dow Chemical (China) Co., Ltd.

建筑师在长廊内部插入了一系列的突出状的活动性建筑物，使原有的办公大楼焕然一新（下图和右图）。这些突出状的建筑物和中庭一起，为在两座L形大楼里工作的公司员工架起了联系的桥梁（最右平面图）。

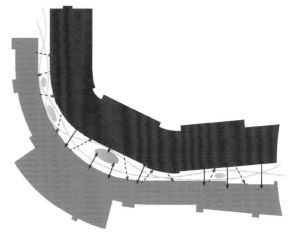

上海陶氏中心
Shanghai Dow Center

为了实现对环境保护、技术革新和重视人类资源的承诺，陶氏化学（中国）有限公司（Dow Chemical (China) Co., Ltd）聘请了美国晋思建筑咨询公司（Gensler）把现有的办公综合体转变成为公司新的亚太总部。该公司对在上海张江高科技园区的两座平行的L形大楼进行了大整修。一座楼用作行政办公室，另一座楼用作研发实验室。在这两座大楼之间，设计师们重新设计了一个突出状的建筑物，以便于它作为通过长廊连接两边10万平方米总部一个重要的部分。该建筑体中，包含会议室、大咖啡厅、一个用户创新中心，还有供户外跑步的小路。

这项工程的主要目的是为了强化陶氏化学（中国）有限公司在这个地方的不同业务单位之间联系，巩固公司的核心文化价值观。它可以容纳500多个工程师和科学家——他们致力于创造性地解决建筑、运输、能量、水、电子和个人护理行业的问题。该设计不仅仅使他们在一起工作提供了空间和便利，而且提高了陶氏化学有限公司内不同群体中的雇员之间的沟通与交流——从内向的科学家到更加外向型的管理工作者。陶氏公司希望通过鼓励不同业务群体的协同工作，促进以新的方式创造出适合市场需求的新产品。

晋思建筑咨询公司对新建筑体的设计描绘得颇为风趣：它是一弯曲的小河，两岸有一些沉积下来的岩石。为了鼓励公司相互交流与合作，在长长的、空旷的中心地带修建了一个四层高的"咖啡岛"和三个豆荚形状的活动室。这四个像节点似的附属建筑物连同跨越"心房"的各种桥体把该公司建筑综合体的两半连接起来。内部的窗户提供了视觉沟通的便利。

设计师们开发出一个三维研究模型来推测和估算不同的可持续性的设计策略的不同效果，包括引进日光以减少对电灯的依赖。最后的设计是把日光引进穿越整个大楼的多层长廊，引进沿着建筑物周围分布的办公室和实验室。

除了在建筑设计中实施绿色环保战略，晋思建筑咨询公司开发了工作场所性能指数（Workplace Performance Index (WPI)）来评估陶氏公司如何支持他的雇员和培育公司文化。这个场所性能指数是一个以网络为基础的对所有员工的调查问卷，可以被公司用来评价未来的设计变化。

晋思建筑咨询公司评价说，这项工程已经获得了重大的经济和社会效益：帮助陶氏化学有限公司向亚太地区展示了自己的承诺，并为其品牌带来更广泛的知名度。通过鼓励公司内部员工的非正式交流与合作，创造了一个令人感到温馨的工作地点，也提高了员工的士气。

金鑫/文 刘永安/译 肖铭/校

GOOD DESIGN IS GOOD BUSINESS
2012 "好设计创造好效益" 中国奖
最佳历史保护
Best Preservation Project
荣誉奖
Honor Award

建筑设计
都市实践建筑事务所

委托客户
华侨城集团

ARCHITECT
Urbanus Architecture & Design

CLIENT
Overseas Chinese Town Enterprises

华侨城创意文化园改版升级，深圳
OCT LOFT Renovation, Shenzhen

在过去大约十年的时间里，都市实践建筑事务所（Urbanus Architecture & Design）一直在有条不紊地致力于把深圳最早的一个工业建筑群，改造成一个充满活力并具有混合用途的创意文化园，以满足创业公司以及创意专业人士的需求。对于南山区华侨城东部工业区所进行的多阶段的规划、设计以及保护工作，在构思上与深圳的整体发展理念相呼应，旨在实现从工业化时代向创意创业时代和从劳动密集型向知识密集型时代的转化。但是，这一改造并不是简单地扒掉旧工厂或者仓库，都市实践建筑事务所提出了再循环利用这些建筑群概念，并使之成为新公司或企业发展的孵化器。

该建筑事务所的合伙人刘晓都、孟岩和王辉在报告中指出，这一改造方式与简单地扒掉现有建筑物，进而在全空白条件下重建的方式相比，不仅有利于环境的可持续发展，而且也证明更有利于建设单位的企业发展。

都市实践建筑事务所从该厂区南侧的区域开始设计，把一座旧仓库改造成一个现代艺术中心——OCAT当代艺术中心，并在周围其他建筑内部或者顶部增加了一系列小尺度、相互衔接的建筑体。结果画廊、书店、咖啡馆、酒吧、艺术画室、多媒体企业、时装公司、设计公司纷纷进驻，形成了一个基于创造力和创业精神的经济生态圈。都市实践建筑事务所也成为最早进驻华侨城创意文化园的公司之一。

左图和上图：第二期工程采取了一些新的策略，比如建设新的通道和二楼的连桥以完善现有的道路体系。

下方效果图：都市实践建筑事务所把深圳最早的一个工业建筑群改造成一个充满活力、混合用途的创意文化园，先从该厂区南侧的区域开始设计，然后是改造该工厂的北部区域。

GOOD DESIGN IS GOOD BUSINESS
2012 "好设计创造好效益" 中国奖
最佳历史保护
Best Preservation Project
荣誉奖
Honor Award

项目
华侨城创意文化园改版升级, 深圳
OCT LOFT Renovation, Shenzhen

此项目的第二阶段是改造该工厂的北部区域, 面积为15万平方米的空间, 项目大部分于2011年开始动工。改造工程采取了一些新的策略, 如建设新的通道和二楼连桥以完善现有的道路体系, 新建的市民广场像小山状突起, 它的一侧转角处建造阶梯和木包的平台, 人们可以在此休闲散步。在广场的下面, 设置了商店、咖啡厅和画廊等。建筑师同时建议说, 开发商应该建设一个教育机构以提升创造力和文化品位。

在保留老城区的大量结构与美好记忆的同时, 项目的两个阶段也为深圳指引了新方向。都市实践建筑事务所称, 华侨城创意文化园内出租物业的价格已经上涨了50%, 周边房地产的价值上涨更多。该项目还使建设单位成为发展创意文化园的先锋以及其他城市类似发展项目的楷模。同时, 与新建大规模园区并依赖大公司租赁大面积空间, 或只专注一两种业态的项目相比, 精心策划大量小规模的改造是一种更加符合经济与社会可持续发展的双赢策略。

在项目的两个阶段中, 都市实践建筑事务所都是确保华侨城创意文化园内的街道、通道与公共空间将不局限于园区内工作人员使用, 并且还对周围的社区开放。因为这些社区包括广泛的社会经济群体, 在当今其他开发商在中国各地纷纷建设封闭、独立与私属领地的情况下, 华侨城创意文化园的开放空间给人们提供了一个难以抗拒的选择。 *Clifford A. Pearson*/文
高健/译 肖铭/校

顶图: **都市实践建筑事务所设计了一个小山状的广场。**

上图和对页图: **把一座工厂改造成一个艺术中心。**

GOOD DESIGN IS GOOD BUSINESS
2012 "好设计创造好效益" 中国奖
最佳绿色建筑
Best Green Project
优秀奖
Merit Award

建筑设计	**ARCHITECT**
直向建筑设计事务所	Vector Architects
委托客户	**CLIENT**
华润置地有限公司	China Resources Land Limited (CR Land)

该住宅开发方面的临时展室展示了一些可持续性发展的设计策略，比如用草和一种可以拆卸再利用的钢制结构做成的一个垂直绿化墙体系统（左图、上图和下图）。

广安门绿色技术展厅, 北京
Guanganmen Green Technology Showroom, Beijing

华润置地有限公司（华润置地）（China Resources Land Limited (CR Land)）的总部在北京，在国内主要承建住宅、商业和公用建筑项目，并且取得了很好的经济效益。华润置地委托直向建筑设计事务所（Vector Architects）为它所建的住宅项目修建了一个面积为500平方米的"绿色"临时性展室，这就是广安门绿色技术

展厅。直向公司计划通过设计这个空间，建立一种低造价的、有吸引力的，并且生态敏感高的生活方式的案例。

应客户的这种要求，直向公司的建筑师从减少建筑对周围环境的影响到最低程度开始策划。因此，公司的设计小组把展室的钢制结构整体向上抬高，并每隔一定水平距离采用钢柱支撑着，使得建筑离开地面一段距离。设计小组在这新建筑物下方的地面上铺上了可透水的路面材料，以减少路面上的雨水径流损失。在建筑物里，设计结构简单质朴、空气流畅，空间没有隔墙，大大地减少了材料的使用，同时也减少了建筑物使用后所产生的垃圾。

但是，该展室最突出的特色还是它的绿色墙体。它能够有效地减少建筑物对太阳光热量的吸收和地面的雨水径流损失。同时，这个展室既起到宣传这个建筑的（绿色）使命，又起到减少

碳排放的作用，从而使它成了一个小小的建筑奇观。"当这个展厅被拆除的时候，绿色的草板可以用在住宅区景观设计的场地中，因此，展示中所用到的绿色板可以继续为该小区服务"，来自直向公司的合伙人、建筑师董功解释说，"绿色草板墙的浇灌是通过镶嵌在草皮后面的浇水系统来实现的"。

董功同时表示，该绿色展厅也具有各种有利于可持续发展的其他功能。包括低辐射玻璃、绿色屋顶和自平衡通风系统等。既然这个展室是暂时性的建筑物，其结构体系可以被拆除并且在其他地方继续使用。

自从该展室于2009年9月完工以来，附近的住宅项目一直就是华润置地迄今为止销售业绩最好的楼盘。董功说道："参观者对展室的态度十分积极。大多数参观者对那个"绿盒子"做出了很好的评价。" *Asad Syrkett/文 肖铭/译 夏鹏/校*

GOOD DESIGN IS GOOD BUSINESS
2012 "好设计创造好效益" 中国奖
最佳绿色建筑
Best Green Project
优秀奖
Merit Award

建筑设计
凯达环球有限公司
委托客户
环境保护署
（香港）

ARCHITECT
Aedas Limited
CLIENT
Environmental Protection
Department (Hong Kong)

一个带百叶窗的天棚与建筑物一样长度，为其遮阳庇荫（下图）。弧形悬臂结构把中央庭院围合起来，让人回想起传统中式园林（底图）。

环保园行政大楼，香港
Eco Park Administration Building, Hong Kong

　　环保园位于香港屯门（Tuen Mun），是政府战略中的一个重要元素，以促进和支持本地产业从事具有环保意识的活动。因此，在这个面积20公顷的工业园入口附近建设的行政大楼，需要体现整个区域的生态理念。这座凯达公司（Aedas）设计的面积为2500平方米的建筑表达了21世纪的绿色意识，同时也体现了中国传统的自然观。

　　行政大楼围绕一处安静的户外空间展开，呈凹曲线造型，其设计不禁让人联想起中国传统园林风格。设计成C形的大楼仿佛一双"张开的双臂"，既把花园揽入怀中，又对来访者和员工表示欢迎。行政大楼集多种功能于一身——办

公空间、配套服务、访客/教育中心、产品展览廊和会议室等应有尽有。产品展览廊位于大楼的一端，与其他部分相连，又具有其独立性。

　　凯达公司在对大楼的设计中整合了许多绿色设计策略，可持续性是该项目的核心。比如，在绿色屋顶上方设计了巨大的百叶窗状太阳挡，可以为建筑体遮阳，同时也创造了一个与整体设计和谐统一、令人震撼的标志性元素。设计师还利用了再生材料，例如再造的混凝土与聚合物产品。阳光导管能够将自然光引入大楼内部，以减少人工照明，而取材于本地的赤陶防阳光百叶墙则可以保护面对中心花园的大面积玻璃立面。

　　这座大楼是生态友好设计的典范，同时也是一座残疾人无障碍建筑。从花园边进入大楼内部设置了坡道，让残疾人免去了登楼梯的苦恼。*李刚/文 高健/译 肖铭/校*

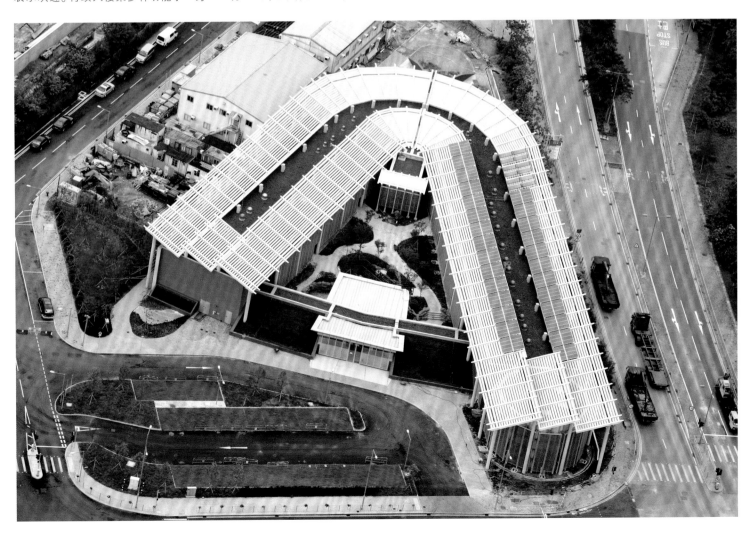

GOOD DESIGN IS GOOD BUSINESS
2012 "好设计创造好效益" 中国奖
最佳规划设计
Best Planning Project
荣誉奖
Honor Award

建筑设计
MRY建筑与规划事务所

委托客户
中粮集团

ARCHITECT
Moore Ruble Yudell Architects & Planners
CLIENT
Cofco

这个规模宏大的规划项目要求在设计上可以满足多种不同用途的需要，包括有机耕种（图1和图2）、住宅（图3）和一个作为区内标志性建筑的植物园（图4）。

2 3

4

中粮农业生态谷，北京
Cofco Agricultural Eco Valley, Beijing

由于城市化进程的加快，中国农田面积正在日益减少。针对这种情况，中粮集团（Cofco）——世界大型的农产品公司之一，邀请了MRY建筑事务所（Moore Ruble Yudell Architects & Planners）为其规划一个规模宏大的示范项目，目的为展现农村发展的新模式。中粮的目标是在保持粮食生产地靠近城市的同时，将农村生活与农业生产有机地结合起来，实现二者的可持续发展。

该农业生态谷基于"零能耗，零废弃"理念，重点种植有机食品。总部位于加州的MRY建筑事务所的负责人詹姆斯·玛丽·奥康纳（James Mary O'Connor）这样形容："这个先进的、可持续项目，真正关注了人类未来，且关注如何规划和建设社区。"她补充道："中国自视其将走在生态型农业生产和科技的前沿，而该项目的目标恰是在全球范围内树立一个典范。"

该项目位于北京市中心西南约48公里处的房山区，中部为农业用地，北部为研发区，西部为农产品加工区，东部与南部为居住区。这个面积近3000英亩的碳中和区域内，还将建设酒店、展览中心、商业和零售业区以及恢复湿地区。农业植物园将成为区内标志性建筑，用来吸引游客和展示环保理念的原则。区内有轻轨线路直通北京，而多种交通联运运输系统则可对游客和当地居民实现多点循环式交通。

中粮农业生态谷将从会议中心与农民居住区开始，分阶段地建设，暂定于2020年全面完工。届时，中粮农业生态谷将为8万至10万人提供住房，创造3万个就业岗位，并且展示能源、水和废物的闭环式循环使用。中粮集团与设计师们都希望这个汇集了农业生产、科研、食品加工、教育和可持续设计的项目，能够为农村发展提供新模式。

李刚/文 高健/译 肖铭/校

GOOD DESIGN IS GOOD BUSINESS
2012 "好设计创造好效益" 中国奖
最佳规划设计
Best Planning Project
优秀奖
Merit Award

建筑设计
AECOM集团设计与规划
公司

委托客户
宁波规划局东钱湖旅游分局

ARCHITECT
AECOM Design + Planning

CLIENT
Dongqian Lake Tourism Branch Of The Ningbo Planning Bureau

1、3、4.AECOM公司在水上村庄旧区模拟了大部分规划方案，使用了一种当地乡土风格的"精简"版。

2.AECOM公司设计了一个面积达2000公顷的沿湖城区，集住宅、商业和公共广场为一体。

0   10   20

东钱湖新城核心区详细规划方案简介
DongQian Lake New Town Center Detailed Master Plan

浙江省内最大的淡水湖位于距离宁波市中心仅7公里之处，然而直到最近才出现开发该湖区的潜力——将其打造成休闲和旅游目的地的计划。AECOM集团设计与规划公司（AECOM Design + Planning）设计了这个面积达2000公顷的沿湖城区，其中159公顷用于市民中心区的建设，用来吸引宁波和其他地区的游客。该中心包括一个大型公共广场，在其两侧设有酒店，广场内侧为购物街，街中的建筑为当地乡土风格的"精简"版，比邻新整修过的运河。AECOM集团的亚洲区城市设计主管兼董事布莱恩·杨（Brian Jan）认为，"与中国新兴城市的典型特征相比，规划师在整个城区中心都更加强调紧凑空间，规划更多的自行车道路与人行通道"。

布莱恩·杨的团队还与环境工程师密切合作，使新城与仍在发挥灌溉作用的湖泊与运河和谐共存。杨主管（Jan）表示，总体规划中大面积的"人工湿地"将有助于确保水质持续良好状态，这既是出于对环境保护的目的，也是因为城市的未来也将取决于此。他说："如果水质下降，那么土地与开发的价值也将下降。"

这个计划是杨主管正确坚持的有力证明。早在1997年，总部位于美国旧金山的全球性规划公司易道公司（EDAW）开设了香港办事处。宁波市规划局（Ningbo Planning Bureau）的一个分局便是其首批客户之一，当时他们正在寻求开发尚未被充分利用的东钱湖（Dongqian Lake）沿岸地区。该公司（2005年成为AECOM集团的一部分）先后与宁波市规划局东钱湖旅游度假区分局签订了五份合同。根据第一份合同，公司对东钱湖沿湖地区的旅游潜力进行了深入研究，并将其定位为宁波的"休闲后院"。而第二份合同旨在为整个宁波市制定一个综合性的规划，其中包括发展大量的住宅与商业区域。按照第三、第四以及第五份合同的规定，该公司要为城市各分区的发展制定出指导方针，并要进一步完善营造如诗如画的城市核心区的计划。杨主管说："他们已经准备好开工建设了。"城市核心区的建设也预计从明年开始动工。

这五份已履行的合同已经充分证明了该公司与宁波市政府之间亲密的合作关系。而杨主管的团队还力邀私营企业参与该项目，并举行会议与开发商沟通其建设项目意愿和具体条件。杨主管表示，这些会议将有助于确保计划的可执行性，并在开发商能做什么以及政府想做什么这一问题上，让"双方达成共识"。*Fred A. Bernstein*/文 高健/译 肖铭/校

GOOD DESIGN IS GOOD BUSINESS
2012 "好设计创造好效益" 中国奖
最佳规划设计
Best Planning Project
优秀奖
Merit Award

建筑设计	ARCHITECT
约翰逊·费恩联合设计事务所	Johnson Fain
委托客户	CLIENT
双流区规划局	ShuangLiu District Planning Bureau

金江走廊总体规划
Jin Jiang River Corridor Master Plan

这一总体规划对沿金江37公里的两岸进行了测评，并对规划局现有的规划提出了重要的修改意见。在所测评的区域内，3%的现有土地属于城市规划用地。97%的土地还属于农业用地。规划局计划到2020年为止，把这个区域内的城市用地将要增加到62%，把农村用地减少到38%。现在的规划把该城的面积增长描绘成巨大的、带网状路网的城市板块，从城市中心地区不

断向外增长，最后将会拓展到六环路，也就是说未来六环以外才是农村。约翰逊·费恩的项目规划没有涉及到该城计划中的城市化的土地总量，但是他的规划确实涉及到对调研区域内的城市化地区的位置和种类的另外一种调整。

这项规划调整了原计划的城市扩展路线，以便保护流域内的资产，并计划把它开发为更有价值的地方。威廉·费恩（William Fain）和

他来自约翰逊·费恩的规划组使用公路、铁路和地下管道来引导城市扩展，一直到达分水岭地区，远离保护的流域区。为创造环境之间可持续的平衡和发展，规划者审慎地把城市用地和乡村用地编织到一起，既考虑到经济上的利益也考虑到环境上的利益。该规划组对区域内的生活方式和旅游等相关土地使用问题上提出要合理布局的建议。按此规划实施开发战略能加强和提

升各种经济活动。在空间上，规划通过沿穿越城市区域的金江流域两岸设置一系列开放空间把城市和乡村结合起来。到那时候这条河上要修建一系列对环境影响小的大坝和闸门，使金江再次通航，在位置重要的乡镇和港口建设观光点。

通过人口增加65％和平衡土地的混合使用，这一新的计划将提高该区域的税收和促进公用事业的发展。在开发区域内，大型开发

本页图和对页图：这个沿37公里的金江流域汇水区规划建议，在特定地区实行有指导性的城市化发展，保护河谷的其他地区。

商业/办公用地
Commercial / Office

低密度住宅用地
Low Density Residential

中密度住宅用地
Medium Density Residential

高密度住宅用地
High Density Residential

工业用地
Industrial

公共设施/教育用地
Civic Services / Educational

农业用地
Farming Land

林地保护区用地
Forest Preserves

水用地
Water

项目被集中在主要道路的交叉路口处，然后按照距离比例，建设强度逐渐降低，一直到远离开发中心的地方。住宅最小密度的区域担当未来开发区和受保护的森林、农田，滨河区之间的缓冲带。规划中主要考虑的是确定如何在农业用地和自然环境保护之间达到适当的平衡。目前的城市规划提出地方案是大量的、一致的城市化用地，使得在城市扩展区域内，有将近一半的现有农田可能消失。

约翰逊·费恩项目规划要求在当地的农村地区建立学校、市场、金融服务机构和农民合作社，鼓励农业人口留在当地，用现代农业技术来增加粮食生产。分散进行水和废物处理的基础设施，包括一些战略，比如在流域的污水回流到河里之前，就以自然的方式净化污水的"污水湿地"。规划师要求逐步实施基础设施建设，跟上区域经济发展的步伐。通过保持乡村和城市发展的适当平衡，做到农业现代化和环境保护相协调，该计划将会突出城市的个性和改善城市的形象。

李刚/文 刘永安/译 肖铭/校

建筑类型研究的创新，改建，增加 Renovation, Adaptation, Addition

修复的回归
RESTORATION REDUX

顶级建筑师以惊人的方式处理历史建筑物。

Jorge Otero-Pailos/文　肖铭/译　夏鹏/校

经过半个多世纪的委靡和无所作为，建筑保护运动已经回归到建筑理论和建筑实践的中心。仅仅十多年以前，如果说这个领域中做得最好的就是戴维·奇普菲尔德（David Chipperfield）和朱利安·哈拉普（Julian Harrap）的柏林新博物馆的修复工程；或者是Diller Scofidio + Renfro建筑事务所对林肯中心的精巧改造工程以及纽约高线公园的改造工程；或者是雷姆·库哈斯对圣彼得堡赫米塔吉博物馆进行法医似地保护工程；或者是赫尔佐格和德梅隆（Herzog & de Meuron）对纽约公园大街军械库的改造工程，那将都是不可想象的。在那时，这些人从不参与建筑物的保护工程，不仅因为他们是通过新的建筑来定位自己的职业，而且他们把建筑物的保护项目看作是缺乏想象力的工作。现在，这些建筑师都非常急切而谨慎的在接触建筑保护项目，就好像建筑保护是建筑体操中最艰难的动作，如直体阿拉伯全旋转后空翻两周那样的体操动作。如果是这样，表明现在正进行着一场关于建筑成就标准是什么的深刻重新定位运动。

在新博物馆的建设中，令人感到十分震惊的是建筑师在项目中所展示的克制力，在当时情况下，通过雇用世界级建筑师，利用他们的名声正好能够影响建筑保护委员会对项目的许可，使得改建工程可以对历史建筑物进行惊人地改造，从而形成当代的"标识"性建筑的做法是很普遍的现象。在这种大的趋势下，奇普菲尔德（Chipperfield）和朱利安·哈拉普（Julian Harrap）却选择了精确又谨慎地参与建筑保护项目。他们的设计主要是剔出了不重要的历史元素。当他们的确需要有所增加时，他们是通过增加一些内容来提升原本已经存在的元素，正如人们利用加盐使得佳肴的美味提升，而不是用调味汁把原来的味道覆盖。例如，他们在装饰图案的缺陷空隙中增加微妙的色彩，使缺陷空隙融入整个图案成为一个整体的形象。即使是着重强调的新元素——如豪华的楼梯，也是效仿已遗失的原有作品的形式。

这种设计理念是呼应建筑环境本身的做法，和原来的改建模式是极大的不同。这种新改建模式并不是对原来的完全复制，因此，也不是意味着改建一定是"回到"传统的状态。这种改建是对将来的一种呼应，时间把这些改建与它的原始状态分离开来，使得它不可能回到百分之百的"纯粹的"原始状态，它反映了修复和原始状态的一种区别，这种区别带来的是一种与当代相区别的标志，它很难轻易的找到在当代的定位。表面上看，新博物馆完美的修复了，但是事实上，修复好的新博物馆发生了深刻的变化。

在美国纽约高线公园项目建成之前，人们一直将"适应性改建"理解为根据当代建筑的固定逻辑，旧建筑物经历变化以满足新用途的过程。高线公园建成以后，该词语的意义发生了转变，意指当代建筑和旧建筑物的相互适应。这种转变是微妙的，但却是重要的。因为它意味着我们学科的基本思想的更正，即当代建筑是通过它与"建造"的对立而存在的。我们理所当然地认为"建造"这个词就是指新的建筑。现在，当代建筑也可以通过改变旧的建筑来呈现，这一点是很清晰的。"新建筑只有通过新的建造才能体现"的旧标准已经不适用了。

库哈斯设计的赫米塔吉博物馆更新总体规划，是该博物馆准备在2014年——它的250周年的纪念活动中用的，这个设计是另外一种通过（几乎与之截然相反，或者是超越）旧的建筑来建造新当代建筑的又一种例证。库哈斯声称要避免"直接的建筑干预"，转向于新保护方式的表达。他的策略就是精确地保留旧建筑的所有痕迹，即使是披满灰尘的陈列柜，但是却重新对每个物体进行了新的安排，并留有一些空的房间，预计到将来的新需要。所以，库哈斯认为当代建筑是一个比永久性建筑更加容易稍瞬即逝的过程，一种赋予（旧）建筑新寓意的方式。赫米塔吉项目标志着另外一个重要的新方向，远离过去的历史，展望当代的问题。随着后现代主义的到来，我们意识到并批评过去的构建方式。然而，

我们没有热衷于后现代主义那种简单地谴责过去的虚假行为，或者以讽刺性的方式将其再造。过去的从来不是纯净的，而且过去的经常表现出一些重建的痕迹。那么，这样一个问题就出现了："是什么使得建筑出现在建造中？"我们知道无法完整地回答这个问题，但是这些答案最终将由对未来的追溯来回答。

这种谨慎对待过去的态度使得当代建筑对将来可能出现的情况更加开放、更加关切现在，而不是仅观注"想象的"空间与形式方面的内容。新的挑战是我们的建筑师对时间的建筑理解不足，不像我们对建筑空间和形式等方面理解得那样精通和清楚。我们仅仅开始具备了从当前政治、文化和道德的角度出发，用批判性的工具来理解建筑的审美表达。目前，很多时候人们只是把时间作为建筑物"自然"的因素进行探索研究，"时间"通过建筑外貌的风化或者变化而展现。然而，时间也是建筑"文化"方面的一个可能因素，可以认为建筑物在纪念和身份形成的集体记忆过程中扮演的角色就是他们生命长久的功能。保护涉及到设计的多变化和形式化等实践环节，正因为如此，它帮助人们在使用建筑时，把自己想象为当地社区的一部分，甚至更大社会群体的一部分。这似乎就是为什么当代建筑急切地转向了保护的部分原因，尤其是在银行道德丧失、政治功能紊乱致使社会关系到达崩溃边缘这样危机的历史时刻。

建筑保护是我们在过去的两个世纪中，思考如何从时间维度出发，对建筑在政治、文化和道德中的实验所取得的知识的总和。想想罗斯金（Ruskin）对建筑"时代痕迹"所作的浪漫辩护："那些散落灰尘的痕迹，是古代石刻家用凿子雕刻在旧建筑物石头上的纹路记录。"他所拥护的审美是不能与他的左派政治观点相分离的，因为他把每次用现代化手段重现旧建筑的努力，都看成是一种否认劳动阶级在建筑历史中应该享有的适当地位的尝试。罗斯金的谱系观点贯穿在整个工艺运动中，但是使他的政治观点有所

登陆architecturalrecord.com观看更多相关图片。

上图：在柏林的新博物馆，戴维·奇普菲尔德（David Chipperfield）与朱利安·哈拉普（Julian Harrap）把历史看成是一系列的层面——有新的，也有旧的。

转变的却是一位美国人路易士·康福特·蒂芬妮（Louis Comfort Tiffany）带来的，他是设计豪华图案的室内设计师。

赫尔佐格和德梅隆（Herzog & de Meuron）可能是最密切关注图案的，任何当代的建筑师想到图案都会很自然地想到蒂芬妮。在修复公园大道军械库的室内项目时，他们熟练地将他们设计的建筑适应到旧的建筑物，努力使该建筑物体现新的政治意义。军械库原有的、精练的审美观，增加了军人中的阶级分层，使得未受过教育的士兵感觉到不受欢迎。由于军队的民主化，建筑内部也进行了相应改造。建筑师并非按照蒂芬妮（Tiffany）的风格重造，也没有强加上一种新的建筑语言，而是通过覆盖平淡无味的一些元素、除去一些微弱的轮廓等这样一些不完整的擦除，创造一种当代的建筑审美观，通过保留微弱俗气的一些层，并增加一些精致的中层阶级的符号，

他们归还了蒂芬妮最初的内容，同时改变了他们的政治意义，以反映军队通过精英管理而达到追求社会平等的长期（未尽）的态度。赫尔佐格和德梅隆在重塑中归还了对蒂芬妮的回应。通过保护，他们表达了当代建筑在对待文化道德政治的关注超过了他们的其他任何工作。

建筑师从追求特征风格到建筑保护中创造性探索的转变，使得他们能够通过对当代更尖锐的表达来深化空间和形式的意义。在这些过程中，建筑师更加批判性的在继承建筑的文化、政治和道德方面做出探索，而不是需要夸张或者约束他们的感觉。我们的职业对建筑保护的承诺很可能不会长久持续。然而，通过设计，对我们如何思考建筑和如何表达我们的承诺的影响可能在将来找到呼应。

乔治·奥特罗-派鲁斯是一位建筑师、艺术家，他同时也是哥伦比亚大学历史建筑保护副教授。

梅尔斯顿会堂, 康奈尔大学 Milstein Hall, Cornell University｜纽约市伊萨卡镇 Ithaca, New York｜
大都会建筑事务所 Office for Metropolitan Architecture (OMA)

学术性的拳击赛

一家公司从一系列其他建筑师未能实现的设计中脱颖而出，用一个开敞的建筑体将建筑学院的新旧建筑连为一体，满足学院的扩展需要。
BY CLIFFORD A. PEARSON（克利福德·A·皮尔森）

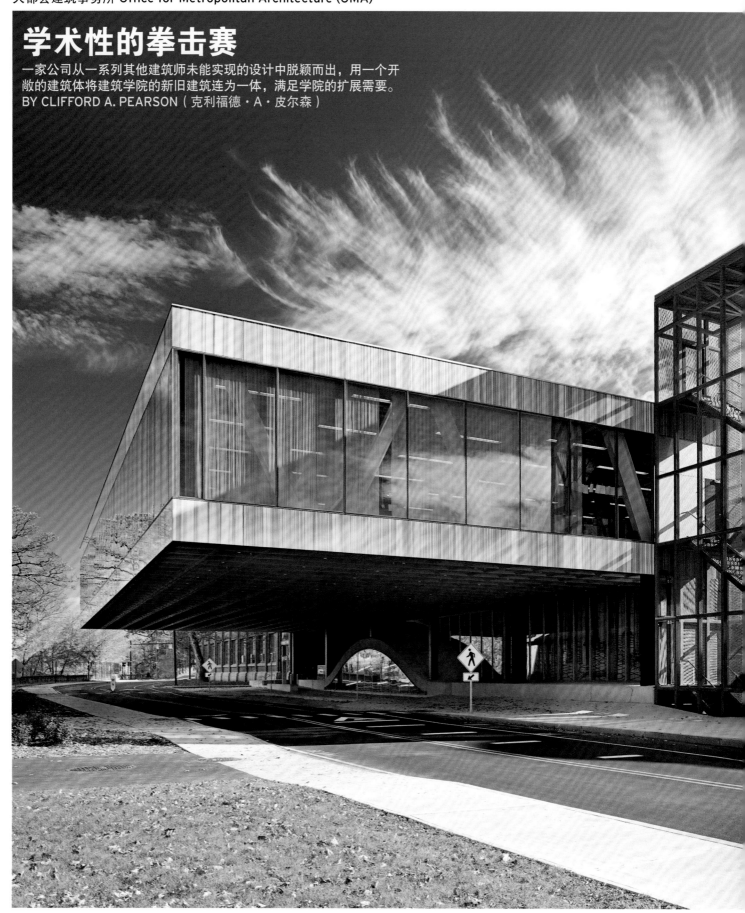

连接垂直和斜向方向支撑的复合桁架将"平板"体块托起，抬升到离大学大道上方50英尺高的地方。为获得美国绿色建筑协会的银质证书，该建筑的屋顶特地设计为绿色环保屋顶，并采用了41个天窗，以减少位于顶部的工作室对电灯照明的需求。

2011年，在其组织的纽约市新博物馆的一次展览中，雷姆·库哈斯（Rem Koolhaas）责难那些历史建筑保护运动的一些行为，他认为那些行为像"帝国"一样束缚了建筑师的手脚，也遏制了他们的大胆思维。这场被称为"Cronocaos"的展览由他和搭档——来自大都会建筑事务所（OMA）的重松象平（Shohei Shigematsu）共同策划，展示了过去35年来该公司从事的建筑项目，其中，在某些项目中，公司曾纠结于历史建筑保护的问题，尤其是纠结于尚未开建的纽约惠特尼美术馆的扩建问题，以及位于俄国圣彼得堡正在建设过程中的国立艾尔米塔什博物馆的问题。如果你观看过该展览（或是在2010年的威尼斯建筑双年展上展现的早期版本），你可能认为OMA会将自己的创意投入到梅尔斯顿会堂的建设中，这是该公司在康奈尔大学建筑、艺术和规划学院（简称AAP）的扩建项目。但是这个建成的建筑缺乏展览会所展示方案的那种智慧光芒，反而显得中规中矩，并没有想象中的那样引起人们的争议。

按照要求，OMA建筑事务所将要为建筑学院扩建47000平方英尺面积的空间——该建筑学院本身正处在一栋19世纪的标记性建筑物（思博列会堂 Sibley Hall）、一栋20世纪早期的工业建筑（兰德会堂Rand Hall）和外表十分简约的方德烈（Foundry）大楼之间——而OMA公司必须决定保留哪些东西，拆除哪些东西。按照OMA的一贯风格，该公司的设计与其他建筑师提出的建议肯定是大相径庭的。他们并没有像斯蒂芬·霍尔（Steven Holl）2001年在设计竞赛中获奖设计方案中所设想的那样，夷平兰德（Rand）会堂这个五小鸭式的建筑，并在原地建立一栋闪闪发光、用于充当设计工作室的现代主义立方体。OMA设想是即要同时保留历史建筑，又要能建起新大楼。2002年，在康奈尔大学与斯蒂芬·霍尔德的设计方案分道扬镳后，该大学委托总部在柏林的巴考·雷宾格（Barkow Leibinger）建筑师事务做新的方案，其方案同样也要求拆除兰德会堂，并在思博列会堂后硬塞进一栋狭长的条形建筑，该计划也未得到实施。2006年，当时的学院院长默森·莫斯塔法维（Mohsen Mostafavi）介绍库哈斯参与了该项目。

OMA并没有设计出一栋独立的建筑，而是将这个扩建部分设计在水平方向连接思博列会堂和兰德会堂、并向方德烈大楼延伸（但不接触）的体量。"建筑师们都太过于执着在设计标志性建筑了"，库哈斯说，"但是我

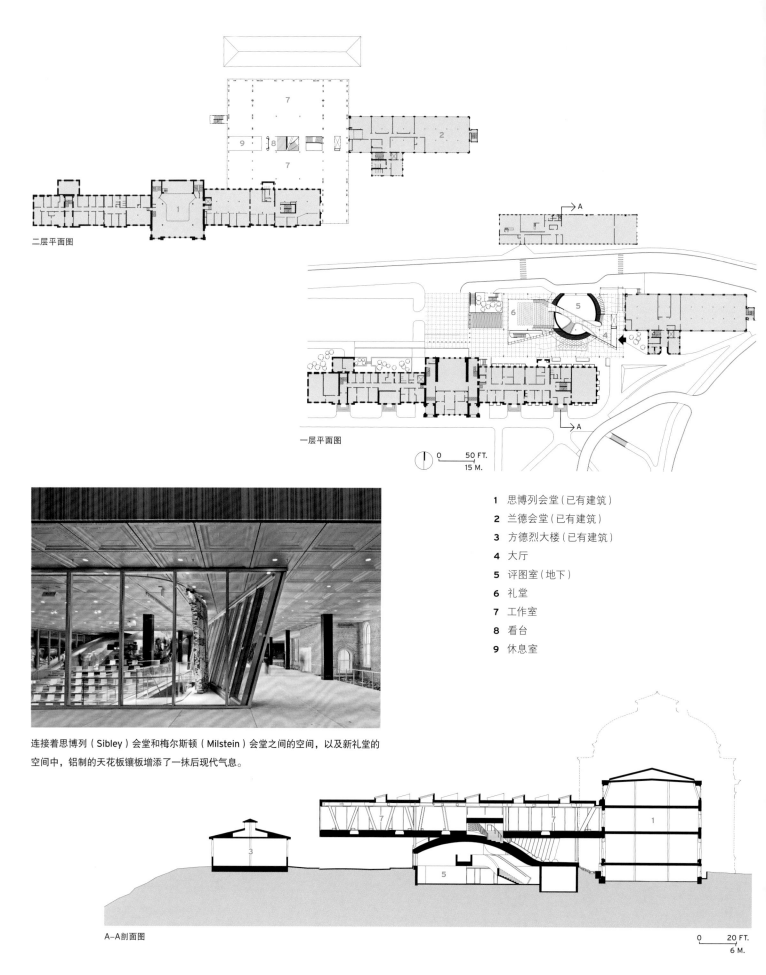

二层平面图

一层平面图

0   50 FT.
15 M.

1 思博列会堂（已有建筑）

2 兰德会堂（已有建筑）

3 方德烈大楼（已有建筑）

4 大厅

5 评图室（地下）

6 礼堂

7 工作室

8 看台

9 休息室

连接着思博列（Sibley）会堂和梅尔斯顿（Milstein）会堂之间的空间，以及新礼堂的空间中，铝制的天花板镶板增添了一抹后现代气息。

A—A剖面图

0   20 FT.
6 M.

左图：在该建筑的巨大钢制构架里，建筑师们加入了弯曲的混凝土造型元素，如通往礼堂的桥梁和通往二楼的楼梯。

下图：内部圆顶覆盖了5200平方英尺的评图室，是采用12小时快速凝固混凝土浇注而成。地面的辐射供暖系统温暖了所有的空间，而冰冷的直横桁又打破了这个完整的圆型。

们却想创造一些更为神秘的东西。"尽管他设计的这栋建筑主体都躲藏在一群同类的老楼后面，只在艺术广场这个大学的历史中心方向露出了一角闪闪发亮的玻璃外墙，但这绝不是一件犹抱琵琶半遮面的设计。其二楼上矗立着体积达195英尺x170英尺的巨大钢桁架，悬臂伸展在其北面的学院大道上方50英尺高度的地方，这样的设计构成了该校区的一道新的大门，将秋溪峡谷（Fall Creek Gorge）的风光尽收其间。尽管库哈斯可以大谈特谈设计操作中要保持低调，但是他的建筑却如此一鸣惊人。

在这个巨大的钢架体中，库哈斯、重松象平（Shigematsu）以及助手扎依德·谢哈伯（Ziad Shehab）设计了一个由混凝土浇筑的圆顶，覆盖了一个高达两层楼的评图室（Crit Room）。一条混凝土桥梁贯穿5200平方英尺的空间通往礼堂，礼堂里许多座椅都被安置在圆顶的外顶上。佩特拉·布雷瑟（Petra Blaisse）在其上方安装了巨大的帷幕，以在必要时遮挡阳光。重松象平（Shigematsu）说："我们总是在讨论立方体和气泡体之间永恒的冲突和竞争，所以我们决定将二者在这栋建筑里融为一体。"

访客可以进入梅尔斯顿会堂的中间一层，并俯瞰位于下一层的评图室情况，或上一层楼来到25000平方英尺的"平板"空间里，在那个地

方，为研究生和本科生们的设计室提供了一个不受打扰的空间。该建筑与思博列（Sibley）会堂之间有一条有顶遮盖的通道，为学生们提供了聚集、停放自行车或窥看礼堂内部的室外场所，这个礼堂和评图室一样都下降了一层。大型白色铝制的压型天花镶板装饰着这个巨大工作室的底部和通道，增添了一抹诡秘的后现代主义气息。顺着这种感觉进入一个新的圆拱顶的室内空间，该圆顶与思博列会堂的外部圆顶以及布雷瑟的印有17世纪建筑学图画的帷幕遥相呼应。

OMA认为，凡事多多益善，于是他们在设计中使用了三种不同的建筑词汇：密斯式的方块、有机气泡块以及后现代式的旁白。该公司的设计使这三个词汇之间产生了活跃的对话，但是却没有将三者适当地分解并融入到这个建筑整体中。这种失败在建筑的入口处表现得最明显：一根钢柱就那么硬生生地从立方体的底座伸出，矗立在曲线的混凝土桥正中间。库哈斯和他的团队显然

很享受这种凌乱的混搭，但是这也暴露出他们缺乏足够严谨的理性。

虽然梅尔斯顿会堂的加建不是一件真正浑然一体的建筑作品，但是它还是拥有许多精彩之处——从"占据了圆顶内空间"的评图室，到圆顶上部的礼堂等等。巨大宽敞的工作室空间将学院的16个不同的工作室完美地连接在了一起，使人们从这些工作室中都能俯瞰到秋溪峡谷的风光。学院院长肯特·克莱曼（Kent Kleinman）说，建筑体外部落地的玻璃窗将整个建筑学院向大学敞开，使其呈现了一种未曾有过的透明感。

梅尔斯顿会堂早期的设计方案计划将新旧建筑并列摆放，但是OMA的设计却将他们融合在了一个贯穿各栋建筑的巨大平板体块中。这种包纳式的方法似乎很合这里学生们的口味，但是库哈斯及其助手很难猜测那些尖刻的历史建筑保护者的批评意见是什么。*Clifford A. Pearson*/文 肖铭/译 夏鹏/校

项目信息

建筑师：**Office for Metropolitan Architecture**
—— **Rem Koolhaas, Shohei Shigematsu** (责任合作伙伴); **Ziad Shehab** (责任助理); **Jason Long, Michael Smith, Troy Schaum, Charles Berman, Charles Berman, Noah Shepherd** (项目团队成员);
执业建筑师：**KHA Architects**
工程师：**Robert Silman** (结构);
Plus Group (机械/电气/管道)
顾问：**Front** (外墙); **Tillotson Design**(照明);
2x4 (制图); **BVM** (可持续设计)
总承包商：**Welliver**
建筑规模：47000平方英尺
造价：5500万美元(包括临近建筑和道路建设费用)
建成日期：2011年10月

材料供应商

玻璃幕墙：**Kawneer**
绿色屋顶：**Sika Sarnafil**
玻璃：**Viracon**
活动座椅：**Figueras**

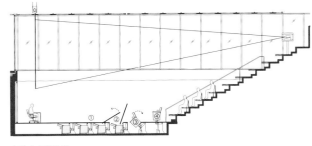

会议室座位设置

对页图：面积巨大的第二层为工作室提供了可容纳约200名学生的灵活的空间，该空间直接连接思博列会堂（左）和兰德会堂（不在照片中）。

本页图：拥有253个座椅的礼堂也可作为学校的会议室。数量很多的扶手椅可以按各种组团模式摆放，并可把它们收藏在部分地板下。在水泥圆顶外壳部分，OMA设计的座位可以折叠，形成了阶梯式的座位。由设计师佩特拉·布雷瑟（Petra Blaisse）设计的帷幕上印制的是一本17世纪建筑学书籍上的图片。

福尔霍姆农场 Favrholm │希勒罗德，丹麦 Hillerød, Denmark │探寻建筑事务所 SeARCH

保存下来的农场

昔日的国家历史建筑脱胎成为一个全球保
健品公司顶尖艺术水准的会议中心。
BY BETH BROOME（贝丝·布鲁姆）

SeARCH建筑事务所的建筑师在满足丹麦对于受保护建筑制定的苛刻要求的前提下，大胆改造了哥本哈根北面25英里处一座历史性的农场。这家总部位于阿姆斯特丹的公司将这座名为福尔霍姆（Favrholm）的农场，也被称为"美丽岛屿"的地产改造成了全球保健品公司诺和诺德（Novo Nordisk）的会议中心，取得了对于原建筑的极端改造与修复保护之间的平衡。该设计显示了这处地产新身份：在过去与未来之间架起了一座桥梁——同时也着重彰显了一家拥有89年历史的公司致力于研究和创新姿态。

这栋建筑所在地历史悠久，更迭频繁，可追溯到1364年，当时它被抵押给丹麦国王瓦尔德玛·阿道戴（四世）。几个世纪以来，这处位于小城市希勒罗德（Hillerød）郊区的地产隶属于王室（先是租借给奴仆们耕种，后又用作狩猎用地），随后成为一处种马场，1917年又成为一个研究场。这栋建于1806年，时至今日矗立不倒的砖结构建筑由白石灰粉刷，屋顶铺盖茅草，1964年被宣布为国家地标建筑。二十世纪八十和九十年代，它用于安置难民。1993年，诺和诺德（Novo Nordisk）公司买下它用以扩充希勒罗德（Hillerød）分公司，这个分公司拥有福尔霍姆（Favrholm）湖对面的生产设施和办公室。诺和诺德（Novo Nordisk）公司是世界上最大的胰岛素生产厂家，同时也是一家有着丰富历史的公司，该公司非常重视同农业之间的联

登陆architecturalrecord.com观看更多相关图片。

系，因为公司发展初期就是以猪和牛的胰腺合成其主要的医药产品。

SeARCH建筑事务所是收到竞赛邀标四家公司之一，该设计是要求把这个农场改造成训练综合体，该改造项目要求设计公司投入大量的精力和智力，同时还具备反思精神和网络情节。设计大纲拟定的会议中心必须带有旅客宿舍、健身园地、餐厅和会议室。福尔霍姆（Favrholm）分公司的经理伊萨贝尔·彼得森（Isabelle Petersen）说，"设计的目的是创造出不同凡响的作品"，为本地研发和生产机构的员工及访客提供具有活力和互动性的场所。"他们想要所有的——各种各样的风格，这样和那样的融合"，SeARCH的负责人比亚·马斯腾布诺克（Bjarne Mastenbroek）回忆起他的客户要求时说，"他们还希望重现旧农场的历史，正规的矩形布局。这里面有很多限制和梦想。"

在丹麦文物局的密切监督下，改建团队拆除了原有的西厢房，将它配备成客房和一个健身中心。他们更新了中央大楼以容纳一个大厅、餐厅和管理处，并将原来的干草棚改造成休息室和会

议室。根据文物保护规定，建筑外观事实上几乎没有什么可以改变的。那些规定同样还指导着室内工程，防止一些改造使得历史遗迹不能真实保留，比如保留一些不加工的砌砖块，或者用餐区域上面不加天花板等等。"我们的目的是保持一种农家的气氛——保持原始的风格——以此证明这栋建筑以前还有另外的功能"，项目建筑师凯瑟琳·汉佛（Kathrin Hanf）说道。因此，工作团队尽最大程度地保留了原有结构，并运用薄薄的白垩灰泥粉刷(而不是用非透明的材料)以强调旧砖石的纹理。

在丹麦文物局密切关注着已存的建筑部分的保护要求同时，对于新增加部分，建筑师们却

对页图：老建筑上的小型推拉式窗户与新的北厢房侧面的那些有利于观鸟大玻璃形成强烈的对比。这栋建筑位于鸟类迁移路径上，可迎来160种鸟类。

左图：2006年的农场。一度用作贮水池的这个湖泊消失过一段时间，在保健公司诺和诺德（Novo Nordisk）购进产业时得到重建，现在它发挥着集水系统的作用。

下图：一道由二翅豆类的木条制作而成的雨屏和现代几何体起到了推陈出新的效果。

底图：新的东厢房取代了毁于大火的马厩，再造了矩形庭院并同这栋历史建筑形成了一种友好的呼应关系。

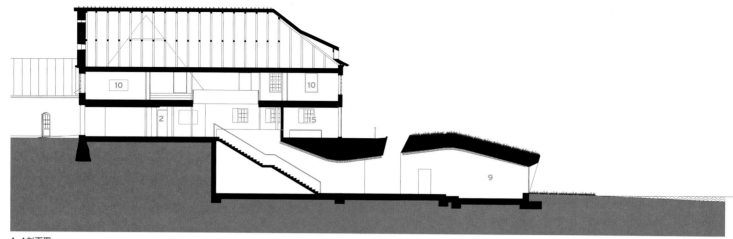

A-A剖面图

0　10 FT.
3 M.

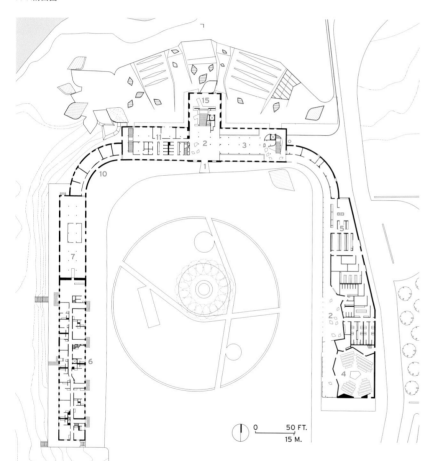

1 主入口	10 小组会议室
2 大厅	11 管理中心
3 餐厅	12 温室
4 礼堂	13 露台
5 厨房	14 技术部
6 客房	15 网络区
7 健身房	
8 会议室	
9 分组会议室	

0　50 FT.
15 M.

一层平面图

客房位于重修后的西厢房，那块地方最初是农场的生活区。
房间各具特色，通过不同的居家装饰和家具来避免平庸。

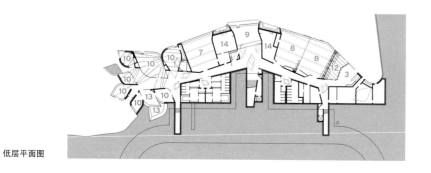

低层平面图

上图：客户想要统一油漆主餐厅的立柱，但建筑师坚持将上面部分保持原样，同时对新的下面部分（取代了腐烂部位）不予加工。松木替代物稍呈圆形，嵌入现浇混凝土地板中，以模拟牲口曾经在此啃咬的情形。

右图：一段楼梯将客人从原中央大楼的大厅带入下面的新会议室，其中很多会议室面向湖面。

左图：三段楼梯中的其中一段连着上面的农舍。牛耳形的天窗是北侧下沉扩展区会议室的组成部分，透过它提醒你老建筑的存在。

下图：由层压的桦树板做成的叶形吊顶伸入一间生气勃勃的影印室。

右下图：富有活力的色调将不同的会议室区分开来。

对页图：北厢房的弧形与老建筑的直角形楼面布置形成对比。

可以从历史的束缚中解脱出来，但是他们不想建立一个在某种风格上太过强势的扩展。相反，他们将不同的功能分拆在两个新的建筑体中：东厢房是用木头全部外装饰的，恢复了庭院原有的形式并且容纳下了一个礼堂和厨房；北厢房被用作会议室，（二期工程在庭院南端将包括更多的客房）。设计东厢房时，他们采用镜像西厢房曲线的手法以创造出对称感，并与屋顶轮廓重合，由山墙侧面开始将其改变成一种不同的形状。参照曾经建在此地的谷仓，建筑师采用了木条板材装饰外立面，尽管他们是垂直拼接的，但其效果就像一座延伸至屋顶的雨屏。在尊重老农舍的规模、几何形状和条理结构的同时，扩展部分形成的现代线条和材料处理方式，都强调了新旧之间一种和谐关系。

与SeARCH强化而不是压制景观的理念相符，小组在山坡北面平缓地增建了18,000平方英尺的钢筋混凝土新建筑，毗连现存的建筑。通过此举，他们保留了从湖对面观看这栋历史建筑的整体风景不变，同时保留了这栋古老农舍的尊

贵，让其矗立在整个场景的焦点位置。新厢房侧面采用大面积的多面玻璃，使得新厢房看上去像一个观景平台，是观看湖水和丰富的鸟类生活的好地方。为顺应鸟类和环境协会的要求，建筑师们限制了人们在湖畔的活动，最大限度减少了可打开的窗户，在建筑北面也没有设置入口。

诺和诺德公司（Novo Nordisk）要求将会议室采用一种大杂烩的风格——从经典到极简主义——但建筑师们有不同的看法。马斯腾布诺克（Mastenbroek）说，这种方法虽然说很容易做到，但"它没用，太老套了"。于是建筑师们提议综合使用多种元素的方法来调整并改变客户的意愿。最终的设计方案引领游客从原来的中央建筑进入后，下楼前往一系列与湖面水平的会议室、休息处和露台。建筑师们通过将所有的会议室相互连接，形成一片叶子（或"牛耳"）形式的排列，并同时改变它们各自的尺寸、与室外景观的关系及材料的变化，让这些场所彼此相关。这个方案创造了诺和诺德公司（Novo Nordisk）所希望的多样化和幽默化的风格，同时保持了一种

虽然是混合但是鲜明而一致的艺术效果。这些空间，连同它们的家具和陈设采用了原始野生的装饰风格，显得有点夸张但诠释了一种令人愉快的刺激感。不过，马斯腾布诺克（Mastenbroek）还说，设计的焦点集中在向自然风景开放而不是玩弄形式。"我们做了大量工作重新整理、综合建筑复杂的不同平面之间关系。你总能找准自己的定位、你总知道你在哪里、你总知道自己与旧建筑的关系。"

近期，在一个冷冽的12月的早晨，福尔霍姆（Favrholm）"农场"生机勃勃，客人们仿佛遵循着某种暗示使用着这栋建筑：在小会议室召开分组会议，在干草棚式的休息室进行专注的谈话。这个中心体现了诺和诺德公司（Novo Nordisk）在他们那快速增长的领先领域中，具有典型的崭新而充满理想的公司精神。也给那些令人心灵疲惫的宾馆会议文化，开出了一剂受欢迎的解药。这些精神与这栋建筑所服务的公司价值观相一致，同时这栋建筑也反映了对过去的顺从和对未来的乐观精神。*Beth Broome*/文　赵逵/译　肖铭/校

项目信息

建筑师：SeARCH —— Bjarne Mastenbroek, Kathrin Hanf (设计组); Remco Wieringa, Paul Stavert, Geurt Holdijk, Laura Alvarez, Elke Demyttenaere, Elke Demyttenaere (助理人员); Jimmy Richter Lassen, Torben Pedersen, Jens Rise Kristensen, Niels Max (现场监理)

工程师：Moe & Brødsgaard
(结构工程师, 机械/电气/管道)

室内设计：Vibeke Brinck, SeARCH

建筑规模：37167平方英尺 (现存建筑);
47167平方英尺 (新建筑)

造价：未知

建成日期：2011年5月

材料供应商

结构性木材：Finnforest

金属面板：3A Composites

窗户、入口处：Schüco

弹性底板：Nora

铁集市 Iron Market｜海地，太子港 Port-au-Prince, Haiti｜约翰·迈克阿斯兰 + 合作伙伴 John McAslan + Partners

从废墟上东山再起

2010年海地大地震对欣欣向荣的"铁集市"市场造成了严重破坏，该市场对全国经济起到至关重要的作用。多亏了灾后快速恢复，市场已经基本上恢复了正常运转。

BY JENNA M. MCKNIGHT（詹娜·M·麦克奈特）

上图：摄影师雷克斯·哈尔迪（Rex Hardy）在20世纪30年代的《生活》杂志获取这张图像。

右图：据报道，集市的构建在法国预制，始建于1891年，本来是为开罗的一个火车站设计的，最后在太子港安家落户。

对页左上图：这座铁结构的建筑位于市中心，2010年1月地震时遭到严重毁坏。

对页右上图：50年前加建的那座混凝土高架桥的桥面板撞进了南厅和钟楼。

摄影：© LIFE MAGAZINE（左图）；HUFTON + CROW（中图）；ROGER LEMOYNE（对页左上图）；JOHN MCASLAN（对页右上图）

大地震已经过去两年了，可是在海地的首都太子港，这场灾难的阴霾依然挥之不去。特别是在密集的市中心区域，曾经的皇宫依然坐落在一片废墟上，圣母院、天主教堂仍旧是一片残垣断壁。当人们把街道上成千上万的碎瓦砾全部清除掉以后，市中心还有不少坍塌的房屋以及糟糕透顶、看着让人揪心的难民营。这种场面让典型的美国人感受到一种大难临头的世界末日景象。

但是，这里有一个耀眼的明星建筑——铁集市或马尔谢·德·费尔市场（Marchü de Fer），这是由英国建筑师约翰·迈克阿斯兰（John McAslan）和一些各种各样的海地人以及一些外国顾问相互合作，对一个始建于19世纪末的设施进行漂亮重建的成果。这座引人注目的地标性建筑有两个占地面积25000平方英尺的大厅，那里面充满混乱的卖水果、假发、巫毒药水的各种商贩。在两个大厅之间，有一座钟楼馆，钟楼馆由它四角的四座75英尺高的伊斯兰风格的塔顶起而悬浮在空间，它们矗立在一个热闹的庭院中央。海地的一家主要的手机供应商蒂格塞尔（Diqicel）自筹资金，花费1200万美元来重建了这个工程，使它成为这座约有300万人口的一贫如洗的大都市正在东山再起的为数不多的标志。迈克阿斯兰称："在海地，每个人都认为它几乎已经完全被毁灭，却又起死回生了。"

这座独特的由红色和绿色组成的市场始建于1891年。根据一些文件的记录，那些构建是在法国预制的，本来是建设在开罗的一个火车站，当原计划破产后，海地的总统弗洛维尔·海波利特（Florvil Hyppolite）介入到此事中，他购买了这些预制件，并在海地建起了它。这座建筑是一个生机勃勃的商业中心，有着一百多年的历史。可是，2008年5月，一场大火将北厅化为灰烬；2010年1月12日，一场里氏7.0级大地震更是将这座古老建筑夷为平地。

蒂格塞尔公司（Diqicel）的爱尔兰业主丹尼斯·奥布莱恩先生（Denis O'Brien）一心想要为海地的重建工作做出自己的贡献，他打算恢复市场，并且说，"这是城市中心最至关重要的建筑之一"，他又解释道，"我们希望它能起表率作用，鼓励其他人在该地区做项目。"就在地震发生仅几个星期后，他聘请了迈克阿斯兰公司全权负

上图：北厅用标准钢进行彻底翻修，而南厅原有的铁框架基本上保留了下来。这两座占地面积25000平方英尺的大厅均沿着顶梁柱和剪力支撑体系加盖了新的波纹钢屋顶以确保市场能抵抗得住风暴和地震。

对页图：大型开口、百叶窗外立面、无玻璃天窗以及工业级别的通风机保障大厅通风。这里能容纳800名商贩，他们贩卖的商品琳琅满目，从新鲜水果到巫毒娃娃。

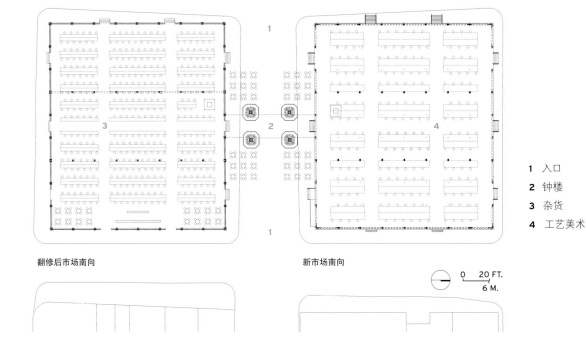

翻修后市场南向

新市场南向

1　入口
2　钟楼
3　杂货
4　工艺美术

0　20 FT.
6 M.

项目信息

建筑师：John McAslan + Partners ——
John McAslan (负责人)；
Pauline Nee (建筑测量员)；
工程师：Axis Design Group (结构)；
Alan Baxter Associates (历史)；
OBRIEN Steel Consulting (钢)
顾问：国家文物保护研究所；
John Milton, George Howard (施工)
承包商：GDG
赞助商：Denis O'Brien
建设单位：Port au Prince
建筑规模：50000平方英尺
造价：1200万美元(建造)
建成日期：2011年1月

材料供应商

钢：Helmark Steel
特别金属加工：Arts et Ambiances
油漆：Sherwin Williams

责这件事，并要求在一年之内完工。迈克阿斯兰说："项目进度快得惊人。"自2009年以来，他一直在海地与克林顿全球行动计划项目合作，事实上，灾难发生之前该市场就曾被提议需要恢复。

初期阶段，英国工程师、文物保护专家罗伯特·鲍尔斯 (Robert Bowles) 来到现场，对这座建筑的受灾情况进行了评估。对于一个不太专业的观察人员来说，这座建筑已经无法修缮了，可他对此却持乐观态度。南大厅是用优质的锻铁和生铁精巧修筑而成的，在地震中表现不错，他说，在地震中，这个钟塔馆"像果冻一样颤动"，但最终还是完好无损。毁坏主要是由于"考虑不周的"混凝土高架桥引起的，这座高架桥是几十年前加在两个厅之间的；高架桥塌了，撞进了南大厅。"沉重的混凝土板把圆柱削成了两半"，他解释道。它还破坏了钟楼的稳定和平衡。

在海地国家文物古迹保护研究所的大力支持下，设计师制定出了一套恢复方案，这个方案提出要尽可能的采用原有材料。在钟楼腿部需要大面积翻新时，钟楼腿上部由海地的能工巧匠

们使用现有的材料修缮。该团队用钢彻底翻修了北厅，但南厅的铁框架大部分都被完好地保留了下来。他们沿着顶梁柱和剪力支撑体系将波纹钢屋顶加到两个厅上以确保这座建筑能够抵抗得住风暴和地震。在新泽西州的Axis设计团队中工作的工程师阿默尔·伊斯拉姆 (Aamer Islam) 表示说，该市场完全符合当前的国际建筑规范。该团队配备了现代化的装备：空气循环系统中采用工业级别的通风机，用屋顶太阳能板满足最低的电力需要。

集市于大地震一周年纪念日前一天，即2011年1月11日重新开业。在最近一次访问期间我们看到，市场内聚集了成百上千名卖家和当地购物者。兜售手工艺纪念品的罗纳德·埃德蒙德 (Ronald Edmond) 称，翻修的设施实在是太棒了，但"旅游者们很少造访这里"。市场周围到处是破破烂烂的帐篷、危房和堵得水泄不通的街道，令大多数外国游客望而却步。"我们在等待他们"，他说，"总有一天这里将更有吸引力。"

Jenna M. Mcknight/文 肖铭/译 夏鹏/校

克莱蒙特大学校园中心 Claremont University Campus Center │加利福尼亚州 California │
路易斯. 鹤卷. 路易斯建筑事务所 Lewis. Tsurumaki. Lewis Architects

木板间

在一个仓库屋顶下，采用雕塑般的松木条建构、获得良好光线和轻松的感觉，这是一个学校的联合后勤行政服务中心。
BY CHRISTOPHER HAWTHORNE（克里斯托弗·霍桑）

☑ 登陆architecturalrecord.com观看更多相关图片。

上面和顶部图：LTL将位于克莱蒙特大学校园边缘的一间维修仓库改装成一个行政后勤管理中心。740英尺长建筑用松木板覆盖，构成建筑大门并在内部形成一个接待区和咖啡间。

克莱蒙特大学（Claremont Colleges）成立于1925年，校园距离洛杉矶市区30英里。这里绿树成荫，到处都是低层大楼建筑。仓库并不在旧式大学设计的中心位置，而是沿着不美观的校园南部边缘，在仓库旁边有一个上下班轨道交通线路和一个大型地面停车场。这是纽约设计公司Lewis.Tsurumaki.Lewis建筑事务所（简称LTL）完成的第一个西海岸项目。

公司的目标非常直接：将克莱蒙特大学后勤集团（简称CUC）分散的办公场所集中到一个屋檐下。该后勤集团是克莱蒙特大学的重要行政部门，负责从发放薪水到校园保安的一切大学运行事务。对设计师们的要求是，不要建设新的设施，直接利用现有的钢铁框架仓库。

仓库已经有十年的历史，它不是校园内标志性的建筑，而是一间默默无名的实用主义建筑，因此仓库的位置远离校园中心。校园中到处点缀着在大拉尔夫·康奈尔式（Great Ralph Cornell）

的景观场地中，由米隆·亨特(Myron Hunt)设计的20世纪早期风格的标志性建筑。这为LTL设计新用途的建筑提供了较大的想象空间。当然，项目不可能有丰厚的预算，根据设计师的设想，建筑成本约为750万美元或按每平方英尺180美元计算，总成本约1000万美元。

双胞胎兄弟保罗·路易斯(Paul Lewis)和大卫·路易斯(David Lewis)以及另外一位合伙人马卡·鹤卷(Marc Tsurumaki)于1997年成立了LTL公司。该公司在过去的岁月里专注于此类项目的设计。公司的建筑师在得克萨斯州的奥斯汀将一间建于1851年的砖房进行了修复并且扩建成为一个艺术中心（见《建筑实录》，2011年2月，第52页）。在怀俄明大学，他们改造了该大学某个学院的教学大楼的两层开放空间，使其成为一个全新的学生休息室。

对CUC的100位员工而言，LTL公司追求的设计策略，是继承"文脉"和反对"文脉"这两种观点同时存在。条状松木板即为这种策略最明显的标志。松木板开始于建筑外部，包裹着整个新建的入口顶篷，沿着建筑斜屋顶轮廓下面的结构，然后滑入建筑内，构成了一个服务台和咖啡间，最后回到建筑外面覆盖更多外部表面和一个朝南的大露台。

松木板中嵌入了竖放的LED灯，整个造型非常灵活，而不是一整块外罩。松木板在穿过窗户时相隔很远，从而允许光线进入。在其他的位置上，松木板安装位置离开了建筑，形成新的外部空间包裹。

右图：改装前的42000平方英尺的维修仓库看起来并不美观，重新利用是一种可持续战略。松木板覆盖它并营造出新的形象。

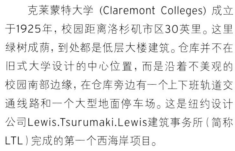

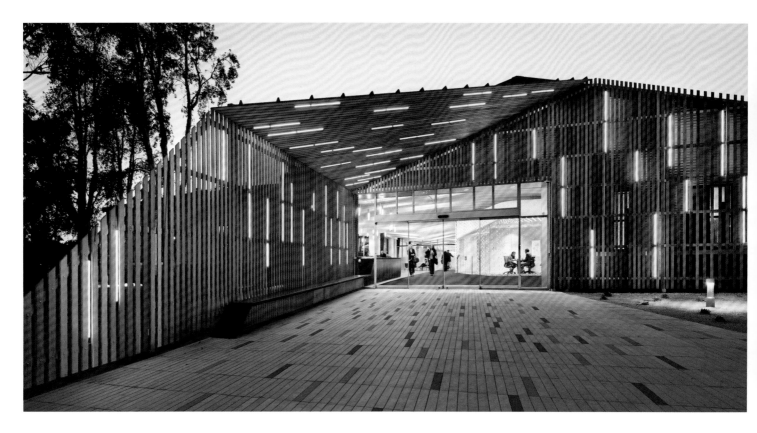

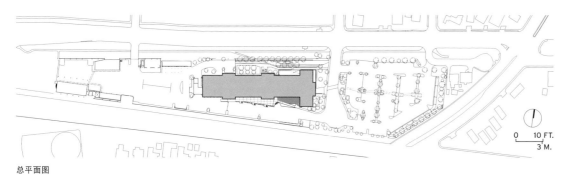

总平面图

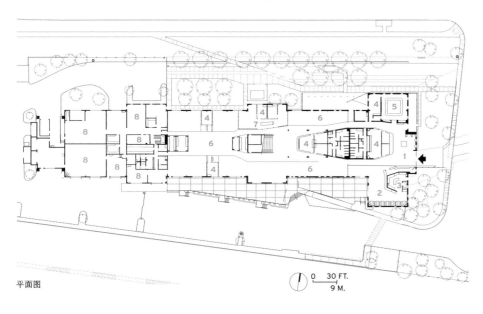

平面图

项目信息

建筑师：**LTL** ——
Paul Lewis (主要负责人);
Marc Tsurumaki,
David Lewis (负责人);
John Morrison (项目经理);
工程师：John Labib and
Associates (结构)
顾问：AHBE (结构);
Lumen (结构)
建设单位：Claremont
University Consortium
建筑规模：41050平方英尺
造价：800万美元(建造)
建成日期：2011年8月

材料供应商

天窗：Solatube
照明：Lutron
工作区：Plyboo

1 大厅
2 咖啡间
3 厨房
4 会议
5 会议室
6 办公场所
7 行政区
8 设施处

建筑内部提供了原来的仓库从未有过的复杂性空间。150多个圆柱状天窗也为内部空间提供了充分光照，从而在整个晴朗的白天里都不需要人工照明。

南加利福尼亚的年轻天才建筑设计师早就开始了将仓库作为改装目标的建筑设计实验。弗兰克·盖里(Frank Gehry)、艾里斯·欧文·莫斯(Eric Owen Moss)和莫尔佛斯(Morphosis)在20世纪80年代已经实施过此类自由而经济的新风格改装项目。

对于这个项目，克莱蒙特大学的目标并不是激进的形式创造，而是非常实际的，对材料使用方式的追求达到了一种极致。LTL通过设计采用三种不同的方式包覆建筑内部：地板铺上红地毯，墙上覆盖松木板，天花板上安置白色挡光板。每一方面都体现着对一种材料的聚焦和探索性研究。

项目在设计中明显采用经济性和坦率性策略，创造出这种大胆的颜色和图案，营造出一种令人愉悦的建筑错动感。将其称为沙哑的实用主义。*Christopher Hawthorne*/文　赵逯/译　肖铭/校

设计将建筑外部清新简洁和肯定的风格转换成建筑内部明亮和商务的感觉。在主入口的附近，将布鲁克林艺术家约翰逊·克鲁格曼(Jason Krugman)设计的绿色LED灯组成的雕塑，悬挂在一些玻璃墙会议室前。红地毯穿过整个空间，覆盖了建筑中间几排类似于露天运动场看台式

的升起台阶，这些台阶为大型会议和平时聚集提供集合场所。台阶下面设置一个小厨房。

松木板以相同的方式沿着轮廓覆盖旧建筑的外部，成为旧建筑的一个外壳。一个波状的吊顶时而隐藏、时而显露了头顶上的管道系统。数百个小挡光板外面缠绕着可回收的白色毛毡，为

克里斯托弗·霍桑(Christopher Hawthorne)是《洛杉矶时报》建筑评论员，他和艾兰娜·斯坦格(Alanna Stang)共同撰写了《温室：可持续建筑的新方向》一书。(普林斯顿建筑出版社，2010年)

对页图：松木板间隙中安装了LED灯用以提供夜间照明。

上图：出自艺术家约翰逊·克鲁格曼（Jason Krugman）设计的"数字花园"由6000多个动态感LED模块组成，它可以从蓝色变幻成绿色，并且环绕在中间核心的部位。

右图：可回收利用的塑料挡光形成整个建筑的天花板。天窗在白天提供日光照明，夜间直列安装的荧光灯逐渐变亮形成照明。

阿玛利时装店 A'maree's │ 加利福尼亚州，纽波特海滩 Newport Beach, California │ 保罗·戴维斯建筑事务所 Paul Davis Architec

高档女子时装店

从古典建筑中拯救含有现代主义血统的餐厅，
浴火重生，变身为高端服装商店。
BY SARAH AMELAR （莎拉·阿姆拉尔）

对页图：该建筑位于西海岸高速和小游艇停泊区之间，部分结构用支柱悬浮在水上。

左图和下图：保罗·戴维斯（Paul Davis）在主销售区打开了光线和视野空间，除去了20世纪60年代旧房主的厚重挂帘和地毯。

在一张20世纪60年代的明信片上印着加州纽波特海滩早期繁华时代的一栋建筑，明信片正面用亮粉色彩的夏日之恋字体写着"Stuft Shirt"这个名字，彰显出建筑最初主人的时髦，然而，照片显示的风格明显是西纳特拉（Sinatra）歌曲的式样，而不是摇滚歌曲的式样。这个建筑是一个饭馆，其内部装饰显得自命不凡，但非常保守，并不新潮：装有旧式样的挂帘和暴发户似的枝形吊灯。随着时间的推移，饭馆的主人不断更换，"Stuft Shirt"的感觉也被淹没在历史的变迁中。不过饭馆的每个前任主人对此建筑现代主义的设计风格一直争论不休。

2009年底，洛杉矶建筑设计师保罗·戴维斯（Paul Davis）便开始着手准备将这个具有8100平方英尺的建筑内部设计成为阿玛利时装店（A'maree's）的新商店。阿玛利是一家休闲的高档时装店。戴维斯发现一旦除去室内的布置物件，还原的建筑空间其实是新阿兹特克（Aztec）——伪卡萨布兰卡（Casablancan）风格的豪华装饰。最后一次饭馆关门后，沮丧的房屋主人——一位富有的房地产投资者，将这间房子闲置了13年之久。他一直保留了建筑外部风格，拒绝各种诱惑，坚持等待一位值得信任的并尊重建筑原始设计的租户。

高大的拱门、扇贝形状的屋檐、细长的十字形立柱和穹形拱顶，这是建筑设计师莱德和凯尔西（Ladd & Kelsey）在1961年设计的通俗风格。

外形精巧、建筑纵横恣肆、过分夸张，很容易让人联想到20世纪60年代和70年代俗气的炫耀式的现代主义风格。尽管这个建筑有确实优秀的时代特性，然而设计师很可能受到误导而毁掉这种风格。戴维斯提出的整修设计方案展现了原有建筑在结构和材料本质上的优雅和整体性，同时却非常清晰的表达出具有20世纪/21世纪时代的、敏感率直的粗线条风格。

"蜻蜓点水式的翻新，表达出艺术空间loft风格的非正规模式"，戴维斯用这样的描述表达他的装饰的思路，阿玛利商店的主人是三姐妹，她们的零售高档时装店主要销售的是非传统风格的时尚女装。戴维斯的创意是选择性地剥离那些随着不同时期装饰而累积起来的一层层的原有装饰元素，展示出一个艺术画廊似的空间，重点突出建筑华美的骨架、视野和光线。"非正规"是指保留建筑过去装饰中的部分构件。

如三姐妹期望的一样，戴维斯也期待营造出"远离现代零售商业店风格"的氛围。阿玛利时装店的共同创始人之一、三姐妹的母亲告诉她们，阿玛利的品位是让顾客体验到像在朋友家里一样，大家一起分享时尚的、家里的小摆设，甚至烤箱中刚出炉的新鲜小饼干。让客人感觉自己在一个没有任何限制的私人空间。三姐妹中的多纳·克洛斯（Dawn Klohs）说："现在，在因特网上一切应有尽有。而我们与Saks或Barneys这样的大盒子式零售商的理念完全不同。我们的时装

店是另外一回事：每个人与我们产品之间的独特关系、以及人与人之间的体验是我们的重点。"

在商店的零售区，戴维斯将原进餐/酒吧区地板上的装饰、固定件、家具和地毯统统剥掉，直到露出下面浇筑的混凝土地面，然后涂上纯白色的油漆，结果非常炫目。建筑内空有19英尺高的天花板，通过原来的全高落地拱窗（现在贴有紫外过滤膜）可以饱览海港的风景，并且看到柱子和穹顶格栅形成的迷人的、清真寺似的韵律。

右上图：保罗·戴维斯（Paul Davis）保留了原生态的天花板，暴露出管网，体现出现代工业感。

右下图：之前的装饰是典型摩洛哥（Morocco）风格的吊灯、枝形壁画和大量枝编工艺品。

项目信息

建筑师：

Paul Davis Architects
—— Paul Davis
（主要负责人）；
Gabriel Leung
（项目设计师）；
Sarah Knize，
Ken Vermillion，
Jennifer Williams
（项目团队成员）

工程师：

Structics（结构）；
RPM（机械/电气/管道）

顾问：Kaplan Gehring
McCarroll（照明）

建设单位：A'maree's

建筑规模：8100平方英尺

造价：未知

建成日期：2010年11月

材料供应商

玻璃门窗：Goodwine
Glass

油漆：Benjamin Moore

座椅：Knoll

天窗：Velux

现在即使在大门外面都可明显体会到改建带来的更多通透性，这是戴维斯对建筑正面的唯一改动。在恢复（和加强）原有气质的前提下，他抛弃了原来不透明的伪阿兹特克（Aztec Portal）大门，装上无框玻璃门，完全盖过莱德和凯尔西（Ladd & Kelsey）设计的实用主义临街玻璃窗。现在，走近一看，内部拱门像队列般清晰整齐地排列，一直通往水边，并且建筑的混凝土底板依然暴露。用玻璃代替贝壳做成的排水槽和旧排水口，以便雨水顺其通往下面的海湾。

戴维斯灵巧地重新解读房子前后区域的差别，形成引人注目又巧妙的并置空间，没有过度强化以前饭店的厨房区，并直接去掉原来填实的空间，将高大的穹顶暴露出来，用原生态的方式呼应主空间的和谐韵律，并去掉原有结构残余、水管线路和管道的"残留痕迹"。原厨房被改装成试衣间，并且在它的上方，原来装烟囱的拱顶处安装天窗，保证顾客在"后台"空间的私密性。同时欢迎顾客在销售区沙发上或收银台旁边的长条椅上休息。在那里有轻松的商业风格同艺术式的凌乱相结合的玻璃陈列橱窗，包括地板上看似随意放置的人造旧运动鞋（价值500美元）。

戴维斯并未改动柱子或墙，而是直接插入固定衣架，类似于巨大的"槌球拱门"。他这样形容："我们试图引入新元素，不管是出气口或照明，都是有节奏的、严格的和系统的，不触犯原建筑有力的重复结构和纯洁形式。"现代的最小金属卤化物灯悬挂在柱格中心。戴维斯保留了先前商家的青铜枝形吊灯，用白色漆和暴露的工业新潮式样的冰箱灯巧妙地消音和现代化。曾经俗气的"枝形大烛台"的转变形式，是在保留记忆痕迹同时，提炼出潜在的现代主义本质。经过提炼，原有的建筑中的现代元素大部分已经呈现，建筑表现出超越了旧设计师的雄心和视野。

Sarah Amelar/文 刘兰君/译 肖铭/校
萨拉·阿姆拉尔是《建筑实录》的特约编辑。

1 入口
2 员工工作区
3 零售区域
4 试衣间
5 员工休息室
6 仓库
7 装运/接收
8 室外露台

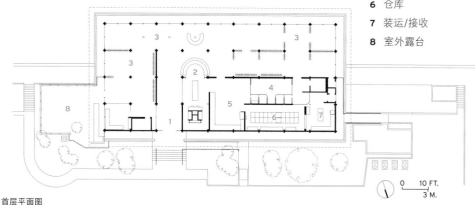

首层平面图

在一定限度下的照明

随着新技术的不断发展，加强能源规范与标准的建设，
是当前设计团队所遇到的机遇与挑战。

Joann Gonchar, AIA/文　刘兰君/译　肖铭/校

照明设计师们可以确保项目的照明充足、确定空间或房间的格调以及强调建筑的外形。但是，他们所扮演的角色却越来越趋于复杂，其中一部分的原因在于，有关照明的技术目前还处在发展迅猛的阶段，另一部分的原因则是能源规范正日趋严格。

由美国供暖学会、制冷与空调工程师协会（ASHRAE）以及照明工程学会（IES）联合开发的标准：《90.1，除低层住宅楼以外的建筑能源标准》即是一个例子。该文件通常被简称为"90.1"，每三年更新一次。大部分州立能源规范是以90.1或国际规范委员会颁布的国际节能规范（IHCC）为准。

美国能源部（DOE）称，2010年11月颁布的90.1最新版本比以前的版本要严格得多。在将90.1-2010与90.1-2007作比较时，DOE发现，要求的现场能源节省达到惊人的比例：18.5%（现场能源是指物业账单上可以体现出建筑物所消耗的热量和电）。相比之下，实施90.1-2007版本和90.1-2004版本的建筑物相比，仅需要可节省大约4.6%的现场能源。

这项标准的最新版本之所以能够节省如此之多的能源，主要的原因在于要求能够具备更加有效的机械系统和效果更好的密封效果等若干因素，同时，对关于照明所产生能量损耗的更加严格的标准，也对降低能源的消耗起到了至关重要的作用。

质量问题

90.1制定了新的标准，限制安装在建筑物中的照明设备的总数量。例如，在2010版本的90.1标准中，一个图书馆的整个建筑物照明功率密度（LPD）为限制在每平方英尺1.18瓦特，低于2007年版本的1.3和2004年版本的1.5。对于一间办公室来说，最新标准的限额设定为每平方英尺0.90W，低于2007年版本的1.0W和2004年版本的1.3W。考虑到这些指导方针，很多具有先见之明的照明设计师与日光顾问都会力争把这个数字降到最低。比如说，位于华盛顿特区的MCLA便是采用了90.1-2007标准来策划这座城市的Watha T. Daniel-Shaw社区图书馆的照明方案，

使该建筑物的照明标准实际上低于2010标准制定的LPD。来自英国阿勒普（Arup）工程顾问公司的设计师们严格地按照规范中限定的密度为普林斯顿弗里克化学实验室的研究区设计了一套方案（参见本页的侧边栏）。

尽管如此，很多建材厂家还是担心在未来的90.1版本中，这种下降趋势难以延续下去。美国照明工程学会（IES）公共政策总监罗布特·霍纳尔（Robert Horner）表示："在不影响质量的情况下，照明功率密度不会大幅下降，人们需要看书、工作，就需要有充足的光亮，只有这样才会觉得踏实。"

位于华盛顿里奇兰的美国能源部西北太平洋国家实验室高级研究工程师、90.1开发团队的照明与电力附属委员会主席埃里克·里奇曼（Eric Richman）称，该标准中的LPD限量不是轻易就能达到的。他解释道，LPD的数字是诸多因素的产物，包括现成的灯具系列的效率、良好的设计惯例，以及行业照明水准的建议。然而，他的确承认，已经基本上没有进一步下调的余地了，他说："没什么可以再减少了。"

有些建材厂家，比如纽约市HLB照明设备有限公司总裁芭芭拉·霍尔顿（Barbara Horton）指出，把提高那些自愿性标准LEED的策略当作一个重要的催化剂，促使设计人员仔细考虑应该如何符合LPD的限制。最近，LEED引进了《推行信贷22：内部照明——质量》。按照霍尔顿的同事、HLB负责人海登·麦凯（Hayden McKay）的解释，"其目的在于确保使用人舒适的情况下，达到节约能源的效率"。据海登·麦凯（Hayden McKay）讲，HLB旨在为以取得LEED黄金级资格证书为目的的面积50万平方英尺的公司室内装饰项目寻求贷款。

如果贷款能够顺利地签订并且能正式被纳入评级系统，将会鼓励设计人员选择不刺眼、色泽好并且持续时间长的灯具。还应当鼓励他们充分利用反射灯，并通过指定具备上述最小反射值的材料作为天花板、墙面、地板以及工作表面的材料，使得可以提高其效率。麦凯称："这些都是很好的建议，但是很多专业设计人员并不知道如何去应用这些建议。"

弗里克化学实验室
新泽西州，普林斯顿

今年4月，在普林斯顿大学的新弗里克化学实验室，一套高效的照明方案是帮助实现楼房节能这一宏伟目标的几项紧密整合策略中的一个——弗里克（Frick）节能目标是使现场能源比ASHRAE90.1标准2007版所允许的能耗低24%。

根据来自伦敦的霍普金斯（Hopkins）和波士顿的佩埃特（Payette）联合公司的建筑师们称，这样的建筑物布局是环境与计划性目标的共同产物。这栋面积约为265000平方英尺的建筑物拥有两个四层楼高并且四周被大面积玻璃所覆盖的配楼，处于东面的配楼被用作研究室，西面的那个则是办公室配楼。这几个部分由75英尺高、用光伏板加盖的有天窗的中庭连接在一起。光伏板除了可以用来发电以外，还能提供遮荫的用途。建筑物除了具备透明性能以外，佩埃特（Payette）的项目负责人罗伯特·斯切夫纳尔（Robert Schaeffner）表示，"这个方案促进了单个元素间的连通性以及激发了居住者之间的互动"。

研究室配楼是一个重复性的模块，以实验室的工作台为中心，周围是小阅览室和一个开放的区域用于流通，其平均连接照明负荷为1.25瓦/平方英尺，比规范的要求约低11%。阿勒普（Arup）工程顾问公司纽约办事处的高级照明顾问克里斯托弗·纳什（Christopher Rush）这样说道，"设计师假设在实验室工作台上方需要使用T5灯管构成的直接照明器材，并且要同时维持低照明功率密度。光源要安装

上图：霍普金斯（Hopkins）和佩叶特（Payette）建筑事务所为该实验室侧翼朝东的幕墙设计出一个固定的铝制遮蔽装置以减少聚集的热量和炫光。

在研究人员头顶之上，才能避免研究人员产生自己的阴影。灯具安装在轨道上，这些轨道将会被悬挂在暴露的通风管道和其他机械设备之下。这个方案使项目组可以将灯具安装在需要的地方，而在不必要的地方则无需安装。这样的干管系统也会使得设备管理人员在以后重新安排实验室设备的时候能够轻而易举地移动灯具"。

中间区域的灯光照明由占用感应传感器控制，但是没有连接到日光调光器。这样就有别于周边区域的照明方案。周边区域采用的是日光调光器和占用感应传感器控制的间接吊灯，可以从整齐的天花板获得反射光。使用者可以自行控制沿着玻璃墙线性布局的小研究室的灯光照明，它们处在实验室和中庭之间，并延伸向东外立面的玻璃幕墙。在此处，固定式的铝制遮蔽装置可以减少聚集的热量和炫光。手动的内部卷帘可用来提供额外的保护。

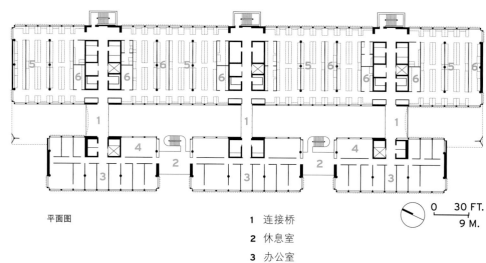

平面图

1 连接桥
2 休息室
3 办公室
4 会议室
5 实验室
6 实验室支持区域

0   30 FT.
9 M.

对页图：连接在一个悬挂轨道上的直接照明装置为中间区域的每个实验室提供了充沛照明。

右图：装有玻璃的中央天井上设有光伏板，在发电的同时也可以用作遮蔽装置。

在环境中控制

里奇曼预计，90.1未来的版本将会强调使用照明控制系统作为节能达标的一种手段，而不是降低照明功率的密度。他还指出，"该标准2010版本中对这种系统提出了大量的新要求"，例如，尽管旧版本要求在某些空间类型中建议安装感应开关，最新版本提出了一个强制应用的扩展清单。对于带手动控制装置的空间，还要求有配置多级照明控制设备（即为提供介于关闭和亮度最大之间的多个中等级别照明度而配置的控制设备）。此外，还增加了一些关于获取日光照明控制的新规定。该标准为设计人员提供了一些奖励办法，激励他们超越最低控制标准的要求，并且鼓励他们为项目制定亮度调整系统提出更为先进的策略。

90.1-2010版本对于控制更加依赖，必然使原来选择性的功能变为强制性要求。"以前我们赞成他们为挑战能源节省而使用控制设备，但现在，使用这些控制装置是强制性的"，工业贸易组织照明装置控制协会总裁加里·麦什伯格（Gary Meshberg）说。

90.1的新版本承认在节能设计方面，具备专业知识的照明设备设计人员长久以来所了解的情况：一个较低的LPD并不一定在任何时候都是行之有效的措施。位于加利弗尼亚阿拉梅达的建筑、可持续性与照明设备咨询路易索斯+厄布洛德（Loisos + Ubbelohde）公司的负责人乔治·路易索斯（George Loisos）解释说，尤其是"随着先进的照明控制装置的出现，日光使用率的不断增加，这种度量标准变得越来越无关紧要"。在他最近接手的项目中，有个大型日光展览空间，其插头负荷及传感器控制的照明设备所用的唯一电源是一个4440W的光伏阵列。他说，"尽管这个面积为1500平方英尺的展馆LPD相当高，达到1.83，但是灯亮的时间却很短，而且还未达到总功率"。

华盛顿特区MCLA的照明设备高级工程师斯科特·冈瑟（Scott Guenther）曾经这样指出，采用大胆的采光照明策略的项目"需要为最差的照明情况进行设计，那就是晚上"。冈瑟的公司与贝尼奇（Behnisch）建筑事务所的波士顿办事处一起，设计了面积为19.4万平方英尺的巴尔的摩大学的法学院大楼。这项工程将于2013年伊始竣工，该项目包括了几间结构相互联系的教室、教职员工办公室、行政管理区以及一个法律图书馆。在其他的设计策略中，同样采取对日光、先进的照明控制装置以及其他策略的运用，已经使这个项目走上了参加评定LEED白金级资格证

YOTEL
纽约市

2011年6月，Yotel——一个总部位于英国，受启发于日本胶囊酒店和奢侈航空舱的连锁酒店公司，在美国纽约的曼哈顿最西面开业了一家新店。它是由美国Arquitectonica建筑设计公司设计的价值超过8亿美元的多用途庞大建筑群的一个组成部分。这家酒店的外观、公共区域以及669间房间是由著名的罗克韦尔（Rockwell）和弗克斯照明公司（Focus）所设计，使其在建成后拥有了卓尔不群的特点。弗克斯照明公司（Focus）的设计总监迈克尔·康明斯（Michael Cummings）先生说："这个酒店带有一种"2001太空漫游的感觉"。

康明斯（Cummings）先生阐述道：该酒店的公共区域无一例外的使用了发光二极管照明，光源的亮度和建筑内时髦的白色和灰色色调配合得相得益彰。采取该方案使得该项目仅仅只需要每平方英尺1瓦的照明功率密度，帮助实现这座庞大建筑的部分节能目标及整个项目获得LEED银质级别资格。

在建筑的外部，预制混凝土板形成了一个四层楼高的外部整体板，弗克斯（Focus）公司在其外表层内安装了线性RGB（红绿蓝）发光二极管。其目的在于从上方和下方同时点亮酒店的标志性紫色凸纹图案覆盖的造型。在街道上，用明亮的白色发光二极管作为背光的磨砂玻璃门界定了酒店的入口。但是在室内，照明却产生了完全相反的效果：在大堂电梯组所

在的墙体处，用软紫色发光二极管照亮电梯门框，而白光二极管将花纹瓷砖墙照成白色。对于一般使用的大堂射灯，设计者决定采用嵌入天花板固定灯罩的新式发光二极管灯泡的射灯，而不采用整合发光二极管在一起的射灯，康明斯（Cummings）解释说，这是因为设计师觉得具有改装选项的灯，能使客户更好地利用未来灯泡技术的发展。

针对小型房间，项目组选择了线性荧光灯作为最经济的主要光源——2个隐藏在壁挂式电视墙背后和存储柜内。在客人刚进门时，有一个灯点亮，套在彩色胶质套管中的这个灯会将墙面照成紫色。这时客人可以选择把这个灯关掉，依靠另一个明装的灯作为普通照明。

该项目最大的挑战是找到二极管灯光理想的调光范围、光输出和色彩还原，并确保所有重要的紫色从不同的应用到不同的光源都是一致的。选择过程涉及广泛的审查和测试，大多数在弗克斯（Focus）公司上曼哈顿区的办公室进行。但灯光设计师及建筑师也利用了总承包商建立在纽约威彻斯特（Westchester）县的、用来研究表面材料和陈设一个全尺度房间模型，同样使用它来研究灯饰及安装。康明斯（Cummings）说：虽然这种模型往往是酒店设计和建设过程的一部分，但在这种情况下，它邻近弗克斯（Focus）公司的办公室，这很利于进行频繁的调整。*Joann Gonchar*/文

1. 罗克韦尔（Rockwell）集团设计的Yotel旅馆有一个白天的会议室，在晚上成为一个酒吧。为了实现这两种用途，天花板用变色的二极管从背后照明，可为整个空间注入白色光或者该酒店的标志性紫色光。

2. 对小房间而言，线性荧光灯隐藏在电视和储存控制台后面提供环境照明。其中一个安装在紫色胶质套管内。

3. 大厅内，白色二极管灯光照向有花纹的墙壁，紫色的二极管灯光照向电梯门框。

4. 一排线性二极管安装在预制混凝土外墙板的顶部和底部以强调凸纹图案覆盖的外立面造型。

三曲枝
旧金山

低能耗是三曲枝——一个由非赢利性艺术组织FOR-SITE使用的1300平方英尺移动式临时建筑的首选。该建筑物由旧金山的欧歌李德扎克/普林吉尔（Ogrydziak/Prillinger）建筑师事务所设计，建筑包括三个船运集装箱，以及把它们布置成120度夹角拼接围合形成的中庭。自从2010年5月，它就被安装在普雷西迪奥（Presidio）市，成为长达一年的普雷西迪奥市一些艺术家主办的动物栖息地艺术展览的一部分，该展览位于国家公园一个角落，这个临时建筑用做展示草图和模型。

由于普雷西迪奥（Presidio）市官员要求该建筑物易于拆卸分解，并且在移除后不能在原地留下任何痕迹，因此，三曲枝展览馆不能连接附近的任何公共设施，它需要彻底从现场拆卸下来，建筑师卢克（Luke）说。

为了满足要求，项目组设计了一个只需要通过中央天窗、每个集装箱末端的窗子和侧面的开口来采光而不需要电网的照明方案。但是在日光照射不足的时候，屋顶4440W光伏阵列所产生的电能可以照亮织物覆盖的凹槽中由光传感器控制的T5灯管。灯光均匀地照射在墙壁上，产生出一种不同于大多数画廊的效果。"在那些画廊中，单个的艺术品通常经由黑暗的背景来予以凸显出来"，位于湾区的罗伊所思+厄布洛德（Loisos + Ubbelohde）公司负责人、该项目的灯光和日光照明顾问乔治·里所思（George Loisos）解释说。更为通常的照明做法是采用轨道灯，但是集装箱顶部的空间不足。选择这个方案因为还能避免使灯具安装在天花板上，这样就能使天窗的开孔看起来像纸面石膏板墙面上一个抽象的开口，欧迪扎克（Ogrydziak）如是说。

光控传感器的布置是一个挑战，因为日光从建筑的多个方向进入。为了找出最适合的安装地点，罗伊所思（Loisos）团队建立了一个虚拟模型，以便在其中检测移动传感器产生的效果，并模拟了电灯的反应。

三曲枝展览馆将在普雷西迪奥（Presidio）市一直持续开放到今年10月，并将举办与金门大桥75周年庆典相关的研究工作间。FOR-SITE公司正在考虑工作间结束后该建筑的用途，包括在该市其他地方安装，并作为自己办公室使用。*Joann Gonchar/文*

书的过程中。斯科特·冈瑟（Scott Guenther）说，"将有25%的建筑物的LPD低于规范要求，主要是由于装配玻璃在项目中的广泛使用，不仅在外部，内部也有用到，这就使相邻的两个空间之间可以分享照明"。

法学院大楼精致的照明控制将通过自动室外遮阳百叶窗来进行调节。该系统还将具备远程操作、监控这些照明装置的功能。冈瑟预言，由于它们比较复杂，控制装置的编程和校准需要好几个星期才能完成。

测试与调整

目前，在90.1-2010标准中，要求有入驻前的调节和检查步骤。为了确保系统像预期的那样持续正常运转，该标准还要求把控制装置的工作情况、再校准日程安排等相关文件提供给业主。可是，没有能够确保这些材料投入使用的机制。"没有检验用的基础设施"，里奇曼（Richman），"在大楼有人入驻之后，规范官员就不回来了。"

除了控制系统安装复杂、规范要求越来越苛刻外，照明设计专业人员还需不断地引进新灯具、光源及其相关设备。这个硬件变化的速度十分惊人，几乎每个项目都有机会采用一些新产品，而这些产品都承诺灯具使用寿命更长、色彩还原更好，并具备扩展的调光能力。位于纽约市的弗克斯（Focus）照明公司设计人员在指定新产品前，要进行他们自己的检测。还要在合同文件中包含对标准的注释，该注释要求如果一个产品的最新版本不是指定产品，供应商必须事先通知项目组，这样在安装前就可以先进行彻底检查。弗克斯（Focus）公司最近运作的项目有纽约的Yotel酒店，其公共空间照明几乎全部采用LED。

产品的迅猛发展、日益完善的控制系统以及日趋严谨的能源规范使得设计严谨的照明策略对于建筑项目的成功来说比以往任何时候都重要。霍尔顿（Horton）指出，其规则"不再仅仅是用光来作画这么简单"。*Joann Gonchar/文*

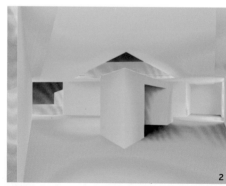

1. 欧歌李德扎克/普林吉尔设计的三曲枝展室由集装箱组成。目前安装在普雷西迪奥（Presidio）市，但未来它可能会被拆卸和搬迁。

2. 顾问们研究了仅依靠日光照明的各种天气状况，包括阴天的情况。

3. 日照不足时，织物覆盖的凹槽内传感器控制的线性日光灯会点亮并照射在墙壁上。

对页上图：作为装饰，戴维斯·布罗迪·邦德建筑事务所和MCLA的照明设计师在日光阅读室安装了配有紧凑荧光灯的工业样式垂灯。铝制多孔屏的开孔能够让视线穿过多孔玻璃。

对页下图：安装在建筑物内的暴露梁及天窗下阅览室的T5向上照射灯提供了匀称的灯光和内部环境照明，也为外部经过的人创造了一种像灯笼一样发光的效果。因此，该建筑物被戏称为"罗德岛大道之珠"。

瓦塔·丹尼尔-SHAW社区图书馆
华盛顿特区

就像灯塔，罗德岛（Rhode）大道上这座充满活力灯光照明的建筑，为该区域的居民照亮了锦绣的前程。瓦塔·丹尼尔-SHAW社区图书馆是正在建造的特区公共图书馆一期工程中的首批项目之一，该项目要求建造一系列具有和谐社区空间和艺术等级高、信息技术先进的新设施，并要求达到或超过LEED银质等级评定标准。

戴维斯·布罗迪·邦德建筑事务所负责SHAW社区图书馆项目，比特·库克（Peter Cook）表示，灯光，特别是由日光带动的电灯以及控制装置，是他们节能设计策略中的一个重要部分。建筑师充分利用无阻碍的三角形地形的特性，设计出日光照明充分、22000平方英尺的三层建筑体。建筑南侧有双层高的阅览室，是由镶嵌着玻璃的钢结构组成，并且采用3英尺深的悬挂铝制多孔屏作为遮挡强光的屏障。北面的天窗和半透明的绝缘玻璃纤维板确保从所有方向都可获得充足的阳光，保证在白天尽量减少主阅读室内的电力照明需求量。

"该屏很大程度上满足了对炫光的控制"，项目经理克里斯蒂安·迪琼（Christiane deJong）说，"阅读区域大部分采用日光照明是不同寻常的。"建筑师与华盛顿特区照明设计公司MCLA合作，用细致的分析证实了大而敞亮的阅读室内照明的合理性。一旦照明设计师认为没有理由为此担心，他们就研制出一套基于T5线性日光灯管的电力照明系统，这种灯具有3500度开尔文色温，由于节能和便于维修很受客户欢迎。

MCLA高级设计师弗兰克·费斯特（Frank Feist）说："T5灯的优点是，它比T8的直径要小，我们可以在其周围制作一个小的反光器，这样，所有灯具都可以尽可能的小。"所以使用T5灯时，他们将特制灯具悬挂在高架上来为阅读提供垂直照明，并为阅读桌和工作台提供照明。然后他们在暴露梁和天窗下的阅读间安装薄型T5灯具来提供环绕的向上照明，以营造一种明亮的灯笼般的效果并尽可能地减少外部过多的照明。

迪琼解释说：特区公共图书馆是现行半透明结构的典型，为将来的建筑设计提供了典范。SHAW社区图书馆就是这样一个典型的范例。*Linda C. Lentz*/文

摄影：© PAUL RIVERA

项目名称 希望森林
项目地点 哥伦比亚, 索阿查市, 阿尔托斯·德·卡祖卡
建筑师 艾·EL 艾奎珀·德·玛占提

阿尔托斯·德·卡祖卡是圣菲波哥大市近郊的一个社区, 该社区形成于20世纪70年代——当时乡村地区深受不断爆发的武装冲突困扰, 农民纷纷逃离。2004年, 由歌手夏奇拉 (Shakira) 领导的皮斯·笛斯卡佐斯 (Pies Descalzos) 基金会 (又称 "赤足" 教育基金会) 与这个犯罪猖獗地区的两所学校合作, 随后, 又同西班牙一个名为 "帮助和行动" 的非政府组织 (Ayuda en Acción) 联手进行援助活动, 并与以波哥大为基地的建筑师贾卡罗·玛占提 (Giancarlo Mazzanti) 一起建造了这个新庇护所, 该工程完工于2011年, 以保护这个比赛场免受日晒雨淋。其设计理念为: 设计一个模块化系统, 可以随时间的变迁逐渐扩张, 同附近其他公共场所连接起来, 形成一个整体。细长的钢柱支撑着树形天篷, 组成的每个单元均由其内部钢架支撑的十二面体, 每个单元表面都覆盖着钢丝网和一层透明的密封聚碳酸酯。像其他地方一样, 这个赛场是社区中心, 用来举办运动赛事, 并可以开办集市和庆祝节日。玛占提说, "这个天篷所在地已经成为这里人民的中心聚集地。" Beth Broome/文 刘兰君/译 肖铭/校

登陆architecturalrecord.com观看更多相关图片